U0353725

《热油管线保温管预制及施工质量管理手册》

编委会

主　编：张欣佳　张　利　折恕安

副主编：梁宏杰　郭凤军　廖　强　冯　东　张伟旭　韩文礼

编　委：（按姓氏笔画排序）

王　磊　王本明　王立辉　冯　东　吕　全

朱昌成　刘宁宇　孙海东　李　超　李　璇

李　薇　折恕安　张　利　张伟旭　张红磊

张欣佳　张新羽　施连义　都兴恺　徐忠苹

郭凤军　高振波　黄肖林　崔文婧　梁宏杰

韩文礼　蒋林林　程　浩　程文广　廖　强

热油管线保温管预制及施工质量管理手册

张欣佳　张　利　折恕安　主　编

·北　京·

本书由长期从事热油管线保温设计、预制、生产、施工及管理人员，结合相关标准和实际保温管道建设工程的经验编写而成。全书共分9章，其中保温管预制、保温管补口补伤及特殊部位处理和保温管下沟和管沟回填是重点内容。书中的内容、表格强调实用性和可读性。

本书可作为保温管设计、生产、施工及管理人员的常备用书，也可供科研人员、广大业余爱好者学习参考。

图书在版编目（CIP）数据

热油管线保温管预制及施工质量管理手册/张欣佳，张利，折恕安主编．—北京：化学工业出版社，2015.3

ISBN 978-7-122-23073-7

Ⅰ.①热… Ⅱ.①张… ②张… ③折… Ⅲ.①石油管道-保温-管道施工-质量管理-手册 Ⅳ.①TE973.8-62

中国版本图书馆CIP数据核字（2015）第035590号

责任编辑：廉　静　　　　文字编辑：张燕文
责任校对：蒋　宇　　　　装帧设计：王晓宇

出版发行：化学工业出版社（北京市东城区青年湖南街13号　邮政编码100011）
印　　刷：北京永鑫印刷有限责任公司
装　　订：三河市宇新装订厂
710mm×1000mm　1/16　印张6½　字数113千字　2015年5月北京第1版第1次印刷

购书咨询：010-64518888（传真：010-64519686）　售后服务：010-64518899
网　　址：http://www.cip.com.cn
凡购买本书，如有缺损质量问题，本社销售中心负责调换。

定　　价：32.00元

前言

Foreword

《热油管线保温管预制及施工质量管理手册》是根据管道工程建设项目质量管理工作的需要，由中国石油管道公司第三项目经理部组织有关专家和单位在总结保温管道工程建设成果，充分吸收近几年的相关标准和生产施工经验的基础上编写而成的。

本手册规定了热油管线保温管预制及施工质量检查的内容、程序和方法，旨在进一步规范热油保温管的生产和施工行为，提升质量检查工作的科学性，提高工程质量，使项目满足工程设计和相关标准要求，为实现热油保温管常温和低温状态下的生产和施工提供科学方法与技术保障。其中保温管预制、保温管补口补伤及特殊部位处理和保温管下沟和管沟回填是重点内容。书中的内容、表格强调实用性和可读性。希望对广大业内读者提供较高的参考价值。

由于我们水平所限，编著中难免有不妥或疏漏之处，热诚希望业内读者和同行专家批评指正。

编者

2015年1月

CONTENTS

目录

目录

CONTENTS

CONTENTS

目录

第一章

总则

一、 编写目的

本手册规定了热油管线保温管预制及施工质量检查的内容、程序和方法，旨在进一步规范热油保温管的生产和施工行为，提升质量检查工作的科学性，提高工程质量，使项目满足工程设计和相关标准要求，为实现热油保温管常温和低温状态下的生产和施工提供科学方法与技术保障。

二、 适用范围

本手册适用于热油管线（温度不超过70℃的原油）保温管预制、施工、质量检查和管理工作。保温管预制应尽量采用“管中管”生产工艺。

本手册适用的热油管线保温管由钢管、防腐层、保温层、防护层、端面防水帽组成，其结构如图1-1所示。防腐层指熔结环氧粉末防腐层；保温层指聚氨酯泡沫塑料层；防护层指采用聚乙烯专用料形成的聚乙烯层；防水帽指辐射交联热收缩防水帽。

本手册的常温指施工环境温度在5℃以上，低温指施工环境温度为－20～5℃。

三、 引用标准

1. 钢管检查依据

（1）GB/T 2102—2006《钢管的验收、包装、标志和质量证明书》。

（2）GB/T 9711—2011《石油天然气工业管线输送系统用钢管》。

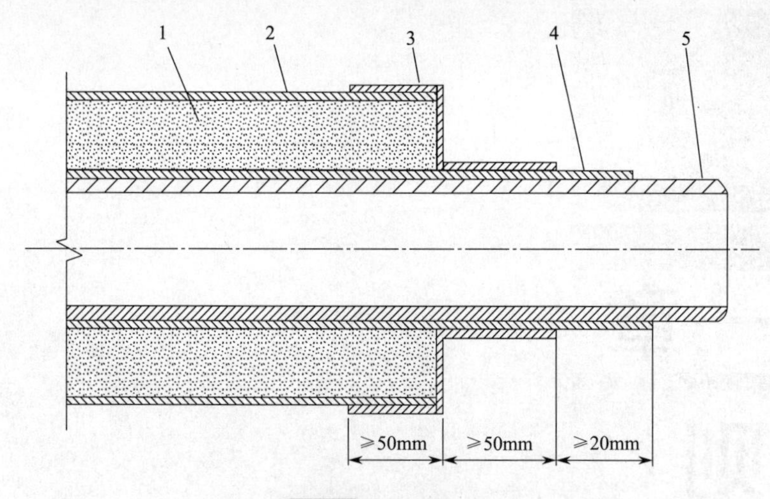

图 1-1 保温管结构

1—保温层；2—防护层；3—防水帽；4—防腐层；5—钢管

（3）SY/T 5257—2012《油气输送用钢制感应加热弯管》。

（4）设计文件。

2. 保温管预制检查依据

（1）GB/T 8923.1—2011《涂覆涂料前钢材表面处理　表面清洁度的目视评定第 1 部分：未涂覆过的钢材表面和全面清除原有涂层后的钢材表面的锈蚀等级和处理等级》。

（2）GB/T 18570.3—2005《涂覆涂料前钢材表面处理　表面清洁度的评定试验　第 3 部分：涂覆涂料前钢材表面的灰尘评定（压敏粘带法）》。

（3）GB/T 18570.9—2005《涂覆涂料前钢材表面处理　表面清洁度的评定试验　第 9 部分：水溶性盐的现场电导率测定法》。

（4）GB/T 23257—2009《埋地钢质管道聚乙烯防腐层》。

（5）GB/T 50538—2010《埋地钢质管道防腐保温层技术标准》。

（6）SY/T 0315—2005《钢质管道单层熔结环氧粉末外涂层技术规范》。

（7）SY/T 0407—2012《涂装前钢材表面预处理规范》。

（8）CJ/T 114—2000《高密度聚乙烯外护管聚氨酯泡沫塑料预制直埋保温管》。

（9）CJ/T 155—2001《高密度聚乙烯外护管聚氨酯硬质泡沫塑料预制直埋保温管件》。

（10）设计文件。

3. 保温管施工验收检查依据

（1）GB 50369—2006《油气长输管道工程施工及验收规范》。

（2）SY 4200—2007《石油天然气建设工程施工质量验收规范通则》。

（3）SY4208—2008《石油天然气建设工程施工质量验收规范　输油输气管道线路工程》。

（4）Q/SY 1059—2009《油气输送管道线路工程施工技术规范》。

（5）设计文件。

第二章

质量管理机构与结构

热油管线保温管预制及施工质量管理机构由项目经理部组织，参加单位有工程项目部、机关相关部门、质量监督站、监理单位、驻厂监造单位、设计单位、防腐保温厂和管线安装承包商，管理机构如图 2-1 所示，管理结构如图 2-2 所示。

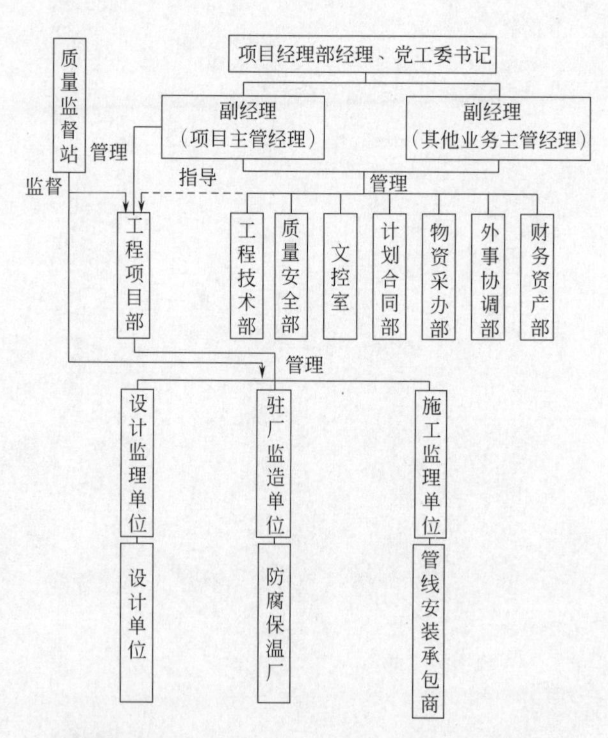

图 2-1 热油管线保温管预制及施工质量管理机构

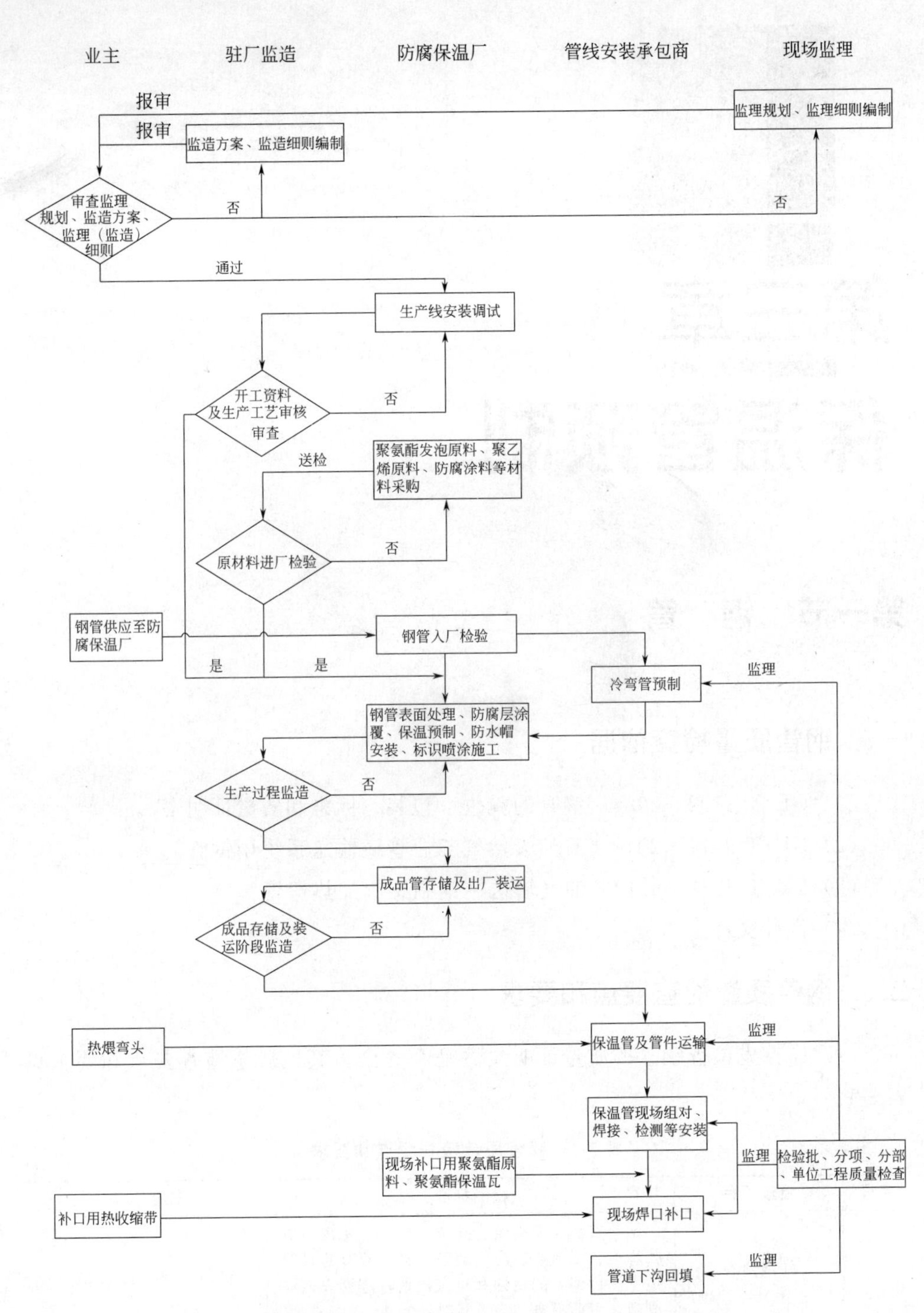

图 2-2 热油管线保温管预制及施工管理结构

第三章 保温管预制

第一节 钢 管

一、 钢管质量检查依据

（1）GB/T 2102—2006《钢管的验收、包装、标志和质量证明书》。

（2）GB/T 9711—2011《石油天然气工业管线输送系统用钢管》。

（3）SY/T 5257—2012《油气输送用钢制感应加热弯管》。

（4）设计文件。

二、 钢管质量检查要点和要求

（1）应首先检查钢管的质量证明文件是否齐全，其他质量检查要点和要求见表 3-1。

表 3-1 钢管质量检查要点和要求

序号	检查项目	检测标准	检验方法
1	外观检查	钢管表面应无裂纹、夹杂、折叠、重皮、电弧烧痕、变形或压扁等缺陷，且不应有超过管道壁厚负偏差的锈蚀和机械损伤；弯管表面应光滑，弯曲部分不应有褶皱	目测检查
2	材质、规格	符合规范规定或设计要求	检查出厂质量证明文件
3	钢管厚度	符合设计制管要求	用金属测厚仪、游标卡尺检测圆周四点

续表

序号	检查项目	检测标准	检验方法
4	椭圆度	符合设计制管要求	用尺测量
5	外径偏差	符合设计制管要求	用尺测量圆周
6	弯曲度	符合设计制管要求	用细绳或金属丝检查
7	端面垂直度	符合设计制管要求	用角尺、直尺测量
8	端面坡口	符合设计制管要求	目测检查

(2) 钢管验收。每种规格钢管逐根按照表 3-1 的要求全项检查，结果应符合设计要求，钢管检验批质量验收记录见表 3-2。工程质量检查使用的计量器具清单见附录 A。

表 3-2　钢管检验批质量验收记录

工程名称		分项工程名称		验收部位	
施工单位		专业负责人		项目经理	
施工执行标准名称及编号				检验批编号	
质量验收规范规定			施工单位检查评定记录		驻厂监造验收意见
主控项目	1	质量证明文件			
	2	材质、规格应符合设计要求			
一般项目	1	外观检查： 钢管表面应无裂纹、夹杂、折叠、重皮、电弧烧痕、变形或压扁等缺陷，且不应有超过管道壁厚负偏差的锈蚀和机械损伤；弯管表面应光滑，弯曲部分不应有褶皱			
	2	钢管厚度应符合设计要求			
	3	椭圆度应符合设计要求			
	4	外径偏差应符合设计要求			
	5	弯曲度应符合设计要求			
	6	端面垂直度应符合设计要求			
	7	端面坡口应符合设计要求			
施工单位检查评定结果	项目专业质量检查员　　年　月　日				
驻厂监造验收结论	驻厂监造工程师　　年　月　日				
备注	每种规格钢管逐根检验				

三、 钢管吊装、 堆放

1. 钢管吊装

（1）钢管装卸应使用不损伤管口的专用吊具，管件应使用吊带装卸。

（2）钢管吊装时应先检查钢丝绳、吊带是否牢固，如钢丝绳、吊带局部磨损断裂已超过规定要求时严禁使用。

（3）钢管起吊应两端平衡，不得一端高一端低斜线起吊。严禁单绳、单链或单带吊装钢管。

（4）钢管吊装需稳定，起吊、放落或者钢管悬挂转动方向时应采用牵引绳控制，严禁用手直接攀扳控制钢管。

（5）成堆钢管吊装时，应从上到下按顺序吊装，不得从中间或者底下抽吊，防止钢管滚动，甚至塌垛伤人。

（6）时刻注意钢管吊运方向，严禁在悬吊钢管底下穿越、停留或者作业。

（7）用抓管机进行装卸时，应避免抓管机顶伤钢管，在抓牢钢管后再进行转运装卸。

2. 钢管堆放

（1）钢管堆放的原则是在码垛稳固、确保安全的条件下，做到按品种、规格码垛，不同品种的材料要分别码垛，防止混淆和相互腐蚀。同种材料按进库先后分别堆码。

（2）禁止在钢管垛位四周存放对钢材有腐蚀作用的物品。

（3）露天堆放的钢管下面必须有枕木或托架，侧面应有防止钢管滚动措施，并留意钢管安放平台，防止造成弯曲变形。

（4）钢管垛底应垫高、坚固、平整，防止钢管受潮或变形。垛底垫高时，若仓库为朝阳的水泥地面，垫高 0.1m 即可；若为泥地，必须垫高 0.2～0.5m。若为露天场地，水泥地面垫高 0.3～0.5m，沙泥地面垫高 0.5～0.7m。

第二节　防腐层预制

一、 防腐层原材料

1. 防腐层原材料质量检查依据

（1）SY/T 0315—2005《钢质管道单层熔结环氧粉末外涂层技术规范》。

（2）SY/T 0407—2012《涂装前钢材表面预处理规范》。

（3）设计文件。

2. 防腐层原材料质量检查要点和要求

（1）环氧粉末涂料应有生产厂家提供的产品说明书、出厂检验合格证、质量证明书和检测报告等有关技术资料，证明其产品符合表3-3和3-4要求。环氧粉末涂料的外包装上应清晰地标明生产厂名、产品名称、材料质量、产品型号、批号、产地、储存温度、生产日期、有效期等内容。

（2）对每一牌（型）号的环氧粉末涂料，生产厂家应在本厂质保体系规定时间内，向保温管预制厂提供由具有检验资质的第三方出具的符合表3-3及表3-4要求的环氧粉末涂料及涂层实验室性能检验报告。

表3-3　环氧粉末涂料的性能

序号	试验项目	性能指标	试验方法
1	外观	色泽均匀，无结块	目测
2	固化时间（230℃±3℃）/min	应满足买方要求	SY 0315—2005 附录A
3	胶化时间（205℃±3℃）/s	应满足买方要求	GB/T 6554
4	热特性/（J/g）	符合粉末生产厂家给定指标	SY 0315—2005 附录B
5	不挥发物含量/%	≥99.4	GB/T 6554
6	粒度分布（150μm筛上粉末）/%	≤3.0	GB/T 6554
7	粒度分布（250μm筛上粉末）/%	≤0.2	
8	密　度/（g/cm³）	1.3～1.5	GB/T 4472
9	磁性物含量/%	≤0.002	JB/T 6570

表3-4　实验室涂覆试件的涂层质量指标

序号	试验项目	性能指标	试验方法
1	外观	平整、色泽均匀、无气泡、无开裂及缩孔	目测
2	热特性	符合粉末生产厂家给定特性	SY 0315—2005 附录B
3	65℃、24h耐阴极剥离/mm	≤6.5	SY 0315—2005 附录C
4	65℃、28d耐阴极剥离/mm	≤15	SY 0315—2005 附录C
5	黏结面孔隙率/级	1～4	SY 0315—2005 附录D

续表

序号	试验项目	性能指标	试验方法
6	断面孔隙率/级	1～4	SY 0315—2005 附录 D
7	抗 3°弯曲（－18℃）	无裂纹	SY 0315—2005 附录 E
8	抗 1.5J 冲击（－30℃）	无漏点	SY 0315—2005 附录 F
9	24h 附着力/级	1～3	SY 0315—2005 附录 G
10	弯曲后涂层 28d 耐阴极剥离	无裂纹	SY 0315—2005 附录 H
11	电气强度/（MV/m）	≥30	GB/T 1408.1
12	体积电阻率/Ω·m	$\geqslant 1\times10^{13}$	GB/T 1410
13	耐化学腐蚀	合格	SY 0315—2005 附录 I
14	耐磨性（落砂法）/（L/μm）	≥3	SY 0315—2005 附录 J

(3) 环氧粉末涂料应密封保存，且在装运、储存过程中保持干燥、清洁。保温管预制厂应按照环氧粉末涂料供应商提出的要求储存环氧粉末涂料。

(4) 环氧粉末涂料质量确认。

① 在环氧粉末涂料用于涂覆生产前，每生产批（批量不超过 50t）环氧粉末涂料应至少取样一次进行检验，其指标应符合表 3-3 的要求。环氧粉末涂料原材料检验批质量验收记录见表 3-6。

② 当测试结果中有一项试验不满足表 3-3 要求时，应再从该批产品中取两个追加样品重新进行试验。当两个重复试验均满足规定要求时，该批涂料可使用；若两个重复试验之一（或两者）不满足规定要求，则该批涂料不应使用。

(5) 环氧粉末涂层试件质量确认

① 涂覆生产前，应由具有检验资质的第三方对环氧粉末涂料实验室涂覆试件按表 3-4 中的内容（除第 13 项）对环氧粉末涂料涂层的性能进行型式检验，结果应符合要求。当环氧粉末涂料生产厂家、配方和生产地点三项之一发生变化时，应对涂层质量重新进行确认，环氧粉末涂料原材料涂层试件的型式检验验收记录见表 3-8。

② 生产过程中，每批（批量不超过 50t）环氧粉末涂料应至少取样一次，由具有检验资质的第三方对实验室涂层试件按表 3-4 中第 1、3、5、6、7、8、9、11、12 项的内容对环氧粉末涂料涂层的性能进行检验，结果应符合要求。环氧粉末涂料原材料的涂层试件检验批质量验收记录见表 3-7。

③ 实验室涂层试件的制备及测试应符合下列要求。

a. 试件基板应为低碳钢，其尺寸应符合相应试验方法的要求。

b. 试件表面应进行喷（抛）射清理，表面预处理方法应符合 SY/T 0407 的有关规定，处理等级的评定应符合 GB/T 8923.1 的有关规定，锚纹深度应在 40～100μm 范围内。

c. 涂覆的预热温度应按照环氧粉末涂料生产厂家的推荐值确定，且不应超过 275℃。

d. 试件上熔结环氧粉末涂料涂层的厚度为 350μm±50μm，同组试件涂层厚度偏差不大于 20μm。

④ 当测试结果中有一项试验不满足表 3-4 要求时，应在该批产品中追加两个样品按规定重新进行试验。当两个重复试验均满足规定要求时，该批涂料可使用；当两个重复试验之一（或两者）不满足规定要求时，该批涂料不得使用。

二、 钢管除锈

1. 钢管除锈质量检查标准

(1) GB/T 8923.1—2011《涂覆涂料前钢材表面处理　表面清洁度的目视评定　第 1 部分：未涂覆过的钢材表面和全面清除原有涂层后的钢材表面的锈蚀等级和处理等级》。

(2) GB/T 18570.3—2005《涂覆涂料前钢材表面处理　表面清洁度的评定试验　第 3 部分：涂覆涂料前钢材表面的灰尘评定（压敏粘带法）》。

(3) GB/T 18570.9－2005《涂覆涂料前钢材表面处理　表面清洁度的评定试验　第 9 部分：水溶性盐的现场电导率测定法》。

2. 钢管除锈质量检查要点和要求

(1) 钢管表面预处理前，应采用机械或化学方法清除钢管表面的灰尘、油脂和污垢等附着物。

(2) 预处理方法应采用喷（抛）射除锈，表面预处理方法应符合 SY/T 0407 的有关规定，处理等级的评定应符合 GB/T 8923.1 的有关规定，表面锚纹深度应在 40～100μm 范围内。

(3) 喷（抛）射除锈前，当钢管表面温度低于露点温度以上 3℃时，应预热钢管驱除潮气。

(4) 喷（抛）射除锈后，应将钢管内外表面残留的钢丸、砂粒和外表面锈粉微尘清除干净，钢管表面的灰尘度不应低于 GB/T 18570.3—2005 规定的 2 级质量要求，钢材表面灰尘度的评定试验方法见附录 B。

(5) 对于海运和临海地区的钢管，应按 GB/T 18570.9—2005 规定的方法，进行表面盐分测定，盐分评定试验方法见附录 C；如果测定值超过 $20mg/m^2$ 的标准时，应用含有清洁剂的清洁水清洗至合格。

(6) 对可能影响防腐层质量的表面缺陷应进行修理，使表面完全满足涂覆作业的要求。

(7) 表面预处理后4h内应进行喷涂。当出现返锈或表面污染时，应重新进行表面预处理。

(8) 表面除锈质量和锚纹深度检测。

① 表面预处理方法应符合SY/T 0407的有关规定，处理等级的评定应符合GB/T 8923.1的有关规定。连续生产时，应逐根检测钢管表面除锈质量。

② 应采用锚纹深度测试仪、锚纹拓印膜或买方认可的相应方法检测钢管外表面锚纹深度。连续生产时，应至少每4h检测两根钢管的外表面锚纹深度。

三、防腐层制作

1. 防腐层质量检查依据

(1) SY/T 0315—2005《钢质管道单层熔结环氧粉末外涂层技术规范》。

(2) 设计文件。

2. 防腐层质量检查要点和要求

(1) 工艺性试验。

① 正式生产前，应通过工艺性试验确定工艺参数，直至涂层的厚度和涂覆温度达到要求，记录此工艺参数，并按此工艺参数制作管段试件，按照表3-5的项目由具有检验资质的实验室进行检测并出具检测报告。

表3-5 外涂层钢管的型式检验项目及验收指标

序号	试验项目	性能指标	试验方法
1	65℃、24h耐阴极剥离/mm	≤11.5	SY 0315—2005附录C
2	断面孔隙率/级	1～4	SY 0315—2005附录D
3	黏结面孔隙率/级	1～4	SY 0315—2005附录D
4	24h附着力/级	1～3	SY 0315—2005附录G
5	抗2.5°弯曲(-18℃)	无裂纹	SY 0315—2005附录E
6	抗1.5J冲击(-30℃)	无漏点	SY 0315—2005附录F

② 涂层质量应符合表3-5验收指标要求，检测合格后方可正式施工。环氧粉末涂料工艺性试验型式检验验收记录见表3-9。

(2) 涂覆作业。

① 涂覆前，钢管表面处理应符合“钢管除锈质量检查要点和要求”的规定。

② 涂覆温度、固化时间和防腐层厚度应符合下列要求。

a. 涂覆前钢管外表面温度应控制在粉末生产厂家的推荐范围内，最高不应超过275℃。

b. 固化时间应符合环氧粉末涂料的要求。

c. 单层环氧粉末外涂层的最小厚度应不小于300μm。

③ 钢管两端预留段的长度应按订货要求，预留段表面不应有防腐层。

④ 涂覆作业不应使用回收的环氧粉末涂料。

（3）生产过程质量检验。

① 涂覆温度监测：应逐根监测涂覆前钢管表面的加热温度，且温度应控制在环氧粉末涂料生产厂家推荐的温度范围内，从生产开始起至少应每小时记录一次温度值。

② 防腐层外观检验：应逐根进行目测检查，外观要求平整、色泽均匀、无气泡、无开裂及缩孔。

③ 漏点检验应符合下列要求。

a. 利用电火花检漏仪在防腐层完全固化且温度低于100℃的状态下，对每根钢管的全部防腐层进行漏点检验，检测电压以5V/μm计，测量电压按最小厚度计算。检漏仪应至少每班校准一次。

b. 漏点数量在下述范围内时，可按后述规定进行修补：当钢管外径小于325mm时，平均每米管长漏点数不超过1个；当钢管外径等于或大于325mm时，平均每平方米外表面漏点数不超过0.7个。经过修补的防腐层应对修补处进行漏点检验。当漏点超过上述规定时，或个别漏点的面积大于或等于$2.5\times10^{4}mm^{2}$时，应按后述规定进行重涂。

c. 成品防腐钢管防腐层应确认无漏点。

④ 防腐层固化度检验：应每班至少抽取一根钢管，按SY/T 0315—2005附录B的方法进行防腐层固化度检验，其玻璃化转变温度的变化值应小于或等于5℃。当抽检钢管的防腐层固化度不合格时，应加倍者抽查，重新进行检验。若任一检验结果不合格，应对当班涂覆的钢管进行逐根检验，防腐层固化度不合格的钢管应予以重涂。

⑤ 防腐层厚度检验应符合下列要求：应使用磁性涂层测厚仪，在涂覆管表面温度降到测厚仪允许的温度时，沿每根钢管轴向随机取三个位置，测量每个位置圆周方向均匀分布的任意四点的防腐层厚度并记录，当测得的某一点的厚度值低于最小厚度要求时，应对受此影响的钢管沿轴向以1m的间隔逐段检验，若测得的平均值不符合要求或某一点的厚度值小于规定的最小厚度值50μm以上时，应

按后述规定进行重涂。测厚仪应至少每班校准一次。

(4) 生产过程检验规则。

① 每批连续生产的环氧粉末涂料外涂层钢管每种管径、壁厚，生产初期前20km每12h应截取一个长度为500mm左右的管段或同等生产工艺条件下的试验管段，按表3-5中的各项指标进行测试，生产稳定后每10km检查一次。热煨弯管环氧粉末涂料外涂层连续生产的抽检频率按订货要求。环氧粉末涂料外涂层钢管检验批质量验收记录见表3-10。

② 若测试结果不符合表3-5的要求，应立即调整涂覆工艺参数。同时，在该不合格试验段与前一合格试验段之间，追加两个试件，重新测试。当两个重做的试件均合格时，则该区间内涂覆过的成品管可以通过验收。若重做的两个试件中有一个不合格，则应将前一个试验合格的成品管到该不合格试验管之间的所有产品均视作不合格；或者在买方同意的情况下，应将这一批管子再进一步重复试验，根据对最先和最后两根管子试验结果满足规定要求的比例，来确定这一批管子中可以接受的份额和不合格份额。以后的生产仍按“生产过程检验规则”中①的要求抽取管段试件进行测试。

③ 不合格产品应按后述规定进行重涂。

3. 防腐层的修补和重涂

(1) 修补。

采用局部修补的方法修补防腐层缺陷时，应符合下列要求。

① 缺陷部位的所有锈斑、鳞屑、裂纹、污垢和其他杂质及松脱的防腐层必须清除掉。

② 将缺陷部位根据修补材料生产厂家的要求打磨成粗糙面。

③ 用干燥的布或刷子将灰尘清除干净。

④ 直径小于或等于25mm的缺陷部位，应用环氧粉末涂料生产厂家推荐的热熔修补棒或双组分液体环氧树脂涂料进行局部修补。

⑤ 直径大于25mm且面积小于$2.5\times10^4mm^2$的缺陷部位，可用环氧粉末涂料生产厂家推荐的双组分液体环氧树脂涂料进行局部修补。

⑥ 修补材料应按照生产厂家推荐的方法储存和使用。

⑦ 修补后防腐层厚度应满足要求。修补情况应予以记录。

(2) 重涂。

检验中厚度不合格、漏点数量超过允许修补范围或防腐层质量检验不合格的防腐管，应进行重涂。重涂时，应将钢管加热到不超过275℃，使防腐层软化，然后将全部防腐层清除掉，再进行喷（抛）射处理。重涂及重涂后质量检验应按“涂覆作业”和“生产过程质量检验”的规定执行。重涂管的检验情况应予以记录。

四、 检验批质量验收记录

1. 原材料检验批质量验收记录

（1） 环氧粉末涂料原材料检验批质量验收记录见表 3-6。

表 3-6 环氧粉末涂料原材料检验批质量验收记录

工程名称		分项工程名称		验收部位	
施工单位		专业负责人		项目经理	
施工执行标准名称及编号				检验批编号	
质量验收规范规定			施工单位检查评定记录		驻厂监造验收意见
主控项目	1	应有产品说明书、出厂检验合格证、质量证明书和检测报告等有关技术资料			
	2	固化时间（230℃±3℃）：应满足买方要求			
	3	胶化时间（205℃±3℃）：应满足买方要求			
	4	热特性：符合粉末生产厂家给定指标			
	5	不挥发物含量：≥99.4％			
	6	粒度分布（150μm 筛上粉末）：≤3.0％			
	7	粒度分布（250μm 筛上粉末）：≤0.2％			
	8	密度：1.3～1.5g/cm³			
	9	磁性物含量：≤0.002％			
一般项目	1	外观检查： 包装完好，环氧粉末涂料色泽均匀，无结块			
施工单位检查评定结果	项目专业质量检查员　　　　年　月　日				
驻厂监造验收结论	驻厂监造工程师　　　　年　月　日				
备注	每生产批（批量不超过 50t）环氧粉末涂料应至少取样 1 次进行检验				

（2）环氧粉末涂料原材料的涂层试件检验批质量验收记录见表 3-7。

表 3-7　环氧粉末涂料原材料的涂层试件检验批质量验收记录

<table>
<tr><td colspan="2">工程名称</td><td></td><td>分项工程名称</td><td></td><td>验收部位</td><td></td></tr>
<tr><td colspan="2">施工单位</td><td></td><td>专业负责人</td><td></td><td>项目经理</td><td></td></tr>
<tr><td colspan="2">施工执行标准
名称及编号</td><td colspan="3"></td><td>检验批编号</td><td></td></tr>
<tr><td colspan="4">质量验收规范规定</td><td colspan="2">施工单位检查评定记录</td><td>驻厂监造
验收意见</td></tr>
<tr><td rowspan="8">主控项目</td><td>1</td><td colspan="2">65℃、24h 耐阴极剥离：≤6.5mm</td><td colspan="2"></td><td></td></tr>
<tr><td>2</td><td colspan="2">黏结面孔隙率等级：1～4 级</td><td colspan="2"></td><td></td></tr>
<tr><td>3</td><td colspan="2">断面孔隙率等级：1～4 级</td><td colspan="2"></td><td></td></tr>
<tr><td>4</td><td colspan="2">抗 3°弯曲（−18℃）：无裂纹</td><td colspan="2"></td><td></td></tr>
<tr><td>5</td><td colspan="2">抗 1.5J 冲击（−30℃）：无漏点</td><td colspan="2"></td><td></td></tr>
<tr><td>6</td><td colspan="2">24h 附着力：1～3 级</td><td colspan="2"></td><td></td></tr>
<tr><td>7</td><td colspan="2">电气强度：≥30MV/m</td><td colspan="2"></td><td></td></tr>
<tr><td>8</td><td colspan="2">体积电阻率：≥1×10¹³Ω·m</td><td colspan="2"></td><td></td></tr>
<tr><td>一般项目</td><td>1</td><td colspan="2">外观检查：
平整、色泽均匀、无气泡、无开裂及缩孔</td><td colspan="2"></td><td></td></tr>
<tr><td colspan="2">施工单位检查评定结果</td><td colspan="5">项目专业质量检查员　　　　年　月　日</td></tr>
<tr><td colspan="2">驻厂监造验收结论</td><td colspan="5">驻厂监造工程师　　　　年　月　日</td></tr>
<tr><td colspan="2">备注</td><td colspan="5">每生产批（批量不超过 50t）环氧粉末涂料应至少取样 1 次进行检验</td></tr>
</table>

2. 正式生产前型式检验验收记录

（1）环氧粉末涂料原材料涂层试件的型式检验验收记录见表 3-8。

表 3-8　环氧粉末涂料原材料涂层试件的型式检验验收记录

<table>
<tr><td colspan="2">工程名称</td><td></td><td>分项工程名称</td><td></td><td>验收部位</td><td></td></tr>
<tr><td colspan="2">施工单位</td><td></td><td>专业负责人</td><td></td><td>项目经理</td><td></td></tr>
<tr><td colspan="2">施工执行标准名称及编号</td><td colspan="3"></td><td>检验批编号</td><td></td></tr>
<tr><td colspan="4">质量验收规范规定</td><td colspan="2">施工单位检查评定记录</td><td>驻厂监造验收意见</td></tr>
<tr><td rowspan="13">主控项目</td><td>1</td><td colspan="2">热特性：符合粉末生产厂家给定指标</td><td colspan="2"></td><td></td></tr>
<tr><td>2</td><td colspan="2">65℃、24h 耐阴极剥离：≤6.5mm</td><td colspan="2"></td><td></td></tr>
<tr><td>3</td><td colspan="2">65℃、28d 耐阴极剥离：≤15mm</td><td colspan="2"></td><td></td></tr>
<tr><td>4</td><td colspan="2">黏结面孔隙率等级：1～4 级</td><td colspan="2"></td><td></td></tr>
<tr><td>5</td><td colspan="2">断面孔隙率等级：1～4 级</td><td colspan="2"></td><td></td></tr>
<tr><td>6</td><td colspan="2">抗 3°弯曲（－18℃）：无裂纹</td><td colspan="2"></td><td></td></tr>
<tr><td>7</td><td colspan="2">抗 1.5J 冲击（－30℃）：无漏点</td><td colspan="2"></td><td></td></tr>
<tr><td>8</td><td colspan="2">24h 附着力：1～3 级</td><td colspan="2"></td><td></td></tr>
<tr><td>9</td><td colspan="2">弯曲后涂层 28d 耐阴极剥离：无裂纹</td><td colspan="2"></td><td></td></tr>
<tr><td>10</td><td colspan="2">电气强度：≥30MV/m</td><td colspan="2"></td><td></td></tr>
<tr><td>11</td><td colspan="2">体积电阻率：≥$1\times10^{13}\Omega\cdot m$</td><td colspan="2"></td><td></td></tr>
<tr><td>12</td><td colspan="2">耐化学腐蚀：合格</td><td colspan="2"></td><td></td></tr>
<tr><td>13</td><td colspan="2">耐磨性（落砂法）：≥3L/μm</td><td colspan="2"></td><td></td></tr>
<tr><td>一般项目</td><td>1</td><td colspan="2">外观检查：
平整、色泽均匀、无气泡、无开裂及缩孔</td><td colspan="2"></td><td></td></tr>
<tr><td>施工单位检查评定结果</td><td colspan="6">项目专业质量检查员　　　　　　　　　　年　月　日</td></tr>
<tr><td>驻厂监造验收结论</td><td colspan="6">驻厂监造工程师　　　　　　　　　　年　月　日</td></tr>
<tr><td>备注</td><td colspan="6">涂覆生产前进行一次型式检验，其他按型式检验规定进行</td></tr>
</table>

（2）环氧粉末涂料工艺性试验型式检验验收记录见表 3-9。

表 3-9 环氧粉末涂料工艺性试验型式检验验收记录

<table>
<tr><td colspan="2">工程名称</td><td></td><td>分项工程名称</td><td></td><td>验收部位</td><td></td></tr>
<tr><td colspan="2">施工单位</td><td></td><td>专业负责人</td><td></td><td>项目经理</td><td></td></tr>
<tr><td colspan="2">施工执行标准名称及编号</td><td colspan="3"></td><td>检验批编号</td><td></td></tr>
<tr><td colspan="3">质量验收规范规定</td><td colspan="3">施工单位检查评定记录</td><td>驻厂监造验收意见</td></tr>
<tr><td rowspan="6">主控项目</td><td>1</td><td>65℃、24h 耐阴极剥离：≤11.5mm</td><td colspan="3"></td><td></td></tr>
<tr><td>2</td><td>黏结面孔隙率等级：1～4 级</td><td colspan="3"></td><td></td></tr>
<tr><td>3</td><td>断面孔隙率等级：1～4 级</td><td colspan="3"></td><td></td></tr>
<tr><td>4</td><td>24h 附着力：1～3 级</td><td colspan="3"></td><td></td></tr>
<tr><td>5</td><td>抗 2.5°弯曲（－18℃）：无裂纹</td><td colspan="3"></td><td></td></tr>
<tr><td>6</td><td>抗 1.5J 冲击（－30℃）：无漏点</td><td colspan="3"></td><td></td></tr>
<tr><td>一般项目</td><td>1</td><td>外观检查：
平整、色泽均匀、无气泡、无开裂及缩孔</td><td colspan="3"></td><td></td></tr>
<tr><td colspan="2">施工单位检查评定结果</td><td colspan="5">项目专业质量检查员　　　　　　年　月　日</td></tr>
<tr><td colspan="2">驻厂监造验收结论</td><td colspan="5">驻厂监造工程师　　　　　　年　月　日</td></tr>
<tr><td colspan="2">备注</td><td colspan="5">涂覆生产前进行一次型式检验，其他按型式检验规定进行</td></tr>
</table>

3. 生产过程检验验收记录

环氧粉末涂料外涂层钢管检验批质量验收记录见表 3-10。

表 3-10　环氧粉末外涂层钢管检验批质量验收记录

工程名称			分项工程名称		验收部位	
施工单位			专业负责人		项目经理	
施工执行标准名称及编号					检验批编号	
质量验收规范规定				施工单位检查评定记录		驻厂监造验收意见
主控项目	1	65℃、24h 耐阴极剥离：≤11.5mm				
	2	黏结面孔隙率等级：1～4 级				
	3	断面孔隙率等级：1～4 级				
	4	24h 附着力：1～3 级				
	5	抗 2.5°弯曲（－18℃）：无裂纹				
	6	抗 1.5J 冲击（－30℃）：无漏点				
一般项目	1	外观检查： 平整、色泽均匀、无气泡、无开裂及缩孔				
施工单位检查评定结果	项目专业质量检查员　　　　年　月　日					
驻厂监造验收结论	驻厂监造工程师　　　　年　月　日					
备注	每批连续生产的环氧粉末外涂层钢管每种管径、壁厚，生产初期前 20km 每 12h 应进行一次该项测试，生产稳定后每 10km 检查一次					

第三节　保温管及保温管件预制

一、　保温管原材料

1. 保温管原材料质量检查依据

(1) GB/T 50538－2010《埋地钢质管道防腐保温层技术标准》。

(2) 设计文件。

2. 保温管原材料质量检查要点和要求

(1) 保温层原料和防护层材料应有产品质量证明书、检验报告、使用说明书、出厂合格证、生产日期及有效期。

(2) 桶装保温原料和防护层材料包装均应完好，并按生产厂家说明书的要求存放。

(3) 桶装保温原料和防护层材料在使用前，均应由通过国家计量认证的质量检验机构，按本手册或设计文件相关规定进行复检，合格后方可使用。

3. 常温环境材料性能要求

(1) 聚氨酯泡沫塑料及其原材料性能要求如下。

① 聚氨酯泡沫塑料由多异氰酸酯（简称黑料）、组合聚醚（简称白料）组成，其中组合聚醚的发泡剂应为全水体系、141b 体系或环戊烷体系。

② 多异氰酸酯的性能应符合表 3-11 的规定，组合聚醚的性能应符合表 3-12 的规定。

表 3-11　多异氰酸酯性能指标

—NCO/%	酸值/(mgKOH/g)	水解氯含量/%	黏度(25℃)/Pa·s	试验方法
29～32	＜0.3	＜0.5	＜0.25	GB/T 12009.1～12009.4

表 3-12　组合聚醚性能指标

羟值/(mgKOH/g)	酸值/(mgKOH/g)	水分/%	黏度(25℃)/mPa·s	试验方法
470～510	＜0.1	＜1	500～1000	GB/T 12008.1～12008.6

③“一步法”生产工艺聚氨酯泡沫塑料的性能应符合表 3-13 的规定，“管中管”生产工艺聚氨酯泡沫塑料性能应符合表 3-14 的规定。

表 3-13　“一步法”生产工艺聚氨酯泡沫塑料性能指标

试验项目	性能指标	试验方法
表观密度/(kg/m^3)	≥55	GB/T 6343
压缩强度/MPa	≥0.2	GB/T 8813
吸水率/(g/cm^3)	≤0.03	GB/T 50538—2010 附录 B
热导率/[W/(m·K)]	≤0.03	GB/T 50538—2010 附录 C

续表

试验项目		性能指标	试验方法
耐热性	尺寸变化率/%	≤3	GB/T 50538—2010 附录 D
	重量变化率/%	≤2	GB/T 50538—2010 附录 D
	强度变化率/%	≤5	GB/T 50538—2010 附录 D

注：1. 耐热性试验条件为100℃、96h。
2. 泡沫塑料试件制作见 GB/T 50538—2010 附录 E。

表 3-14 "管中管"生产工艺聚氨酯泡沫塑料性能指标

试验项目		性能指标	试验方法
表观密度/（kg/m^3）		≥60	GB/T 6343
压缩强度/MPa		≥0.3	GB/T 8813
吸水率/（g/cm^3）		≤0.03	GB/T 50538—2010 附录 B
热导率/［W/（m·K）］		≤0.03	GB/T 50538—2010 附录 C
耐热性	尺寸变化率/%	≤3	GB/T 50538—2010 附录 D
	重量变化率/%	≤2	GB/T 50538—2010 附录 D
	强度变化率/%	≤5	GB/T 50538—2010 附录 D

注：1. 耐热性试验条件为100℃、96h。
2. 泡沫塑料试件制作见 GB/T 50538—2010 附录 E。

（2）高密度聚乙烯防护层及其原材料性能要求如下。

① 用于"管中管"生产工艺的高密度聚乙烯专用料是以聚乙烯为主料，加入一定量的抗氧剂、紫外线稳定剂、炭黑（黑色母料）等助剂加工而成，且不得使用回用料，其防护层性能指标应符合表 3-15 的规定。

表 3-15 "管中管"生产工艺高密度聚乙烯防护层性能指标

序号	试验项目	性能指标	试验方法
1	外观	黑色、无气泡、裂纹、凹陷、杂质、颜色不均	目视
2	密度/（g/cm^3）	≥0.932	GB/T 6343
3	炭黑含量（质量）/%	2.5±0.5	GB/T 13021
4	拉伸强度/MPa	≥19	GB/T 8804.3
5	断裂伸长率/%	≥350	GB/T 8804.3
6	纵向回缩率/%	<3	GB/T 6671
7	长期机械性能（4MPa，80℃）/h	1500	CJ/T 114—2000

② 用于"一步法"生产工艺的高密度聚乙烯专用料是以聚乙烯为主料，加入

一定量的染料、抗氧剂、紫外线稳定剂等加工而成，且不得使用回用料。高密度聚乙烯专用料及压制片的性能指标应符合表3-16的规定，防护层的性能指标应符合表3-17的规定。

表3-16　高密度聚乙烯专用料及压制片的性能指标

序号	试验项目		性能指标	试验方法
1	密度/（g/cm^3）		≥0.93	GB/T 4472
2	熔体流动速率（负荷5kg）/（g/10min）		0.2～1.4	GB/T 3682
3	拉伸强度/MPa		≥20	GB/T 1040.2
4	断裂伸长率/%		≥600	GB/T 1040.2
5	维卡软化点/℃		≥90	GB/T 1633
6	脆化温度/℃		＜－65	GB/T 5470
7	长期机械性能（4MPa，80℃）/h		1500	CJ/T 114—2000
8	电气强度/（MV/m）		＞25	GB/T 1408.1
9	体积电阻率/Ω·m		＞1×10^{14}	GB/T 1410
10	耐化学介质腐蚀（浸泡7d）/%	10%HCl溶液	≥85	GB/T 23257—2009附录H
		10%NaOH溶液	≥85	
		10%NaCl溶液	≥85	
11	耐热老化（100℃，4800h）/%		≤35	GB/T 3682
12	耐紫外光老化（336h）/%		≥80	GB/T 23257—2009附录I

注：1. 耐化学介质腐蚀及耐紫外光老化指标为试验后的拉伸强度和断裂伸长率的保持率。
2. 耐热老化指标为试验前后的熔融流动速率偏差。
3. 对聚乙烯原料，不要求本表11、12项性能。

表3-17　“一步法”生产工艺的高密度聚乙烯防护层性能指标

序号	试验项目		性能指标	试验方法
1	拉伸强度	轴向强度/MPa	≥20	GB/T 1040.2
		径向强度/MPa	≥20	GB/T 1040.2
		偏差/%	＜15	—
2	断裂伸长率/%		≥600	GB/T 1040.2
3	长期机械性能（4MPa，80℃）/h		1500	CJ/T 114—2000
4	压痕硬度/mm 23℃±2℃ 50℃±2℃		 ≤0.2 ≤0.3	GB/T 23257—2009附录G

注：拉伸强度偏差为轴向与径向拉伸强度的差值与两者中较低者之比。

③ 高密度聚乙烯防护层厚度要求见表 3-18。

表 3-18 高密度聚乙烯防护层厚度

成型工艺	钢管直径/mm	高密度聚乙烯防护层厚度/mm
“一步法”	≤355	≥3.5
“管中管”	508	≥6.0

4. 低温环境材料性能要求

（1）聚氨酯泡沫塑料原材料性能要求见表 3-11～表 3-14。

（2）低温环境使用的高密度聚乙烯专用料，不得使用回用料，宜添加专用增韧改性助剂改善高密度聚乙烯防护层的耐低温性能，增韧改性后的高密度聚乙烯防护层性能指标应符合表 3-19 的规定。相比 GB/T 50538—2010 的要求，表 3-15 中的拉伸强度由 19MPa 提高到 20MPa，断裂伸长率由 350%提高到 500%。

表 3-19 低温环境高密度聚乙烯防护层性能指标

序 号	试验项目	性能指标	试验方法
1	外观	黑色、无气泡、裂纹、凹陷、杂质、颜色不均	目视
2	密度/（g/cm^3）	≥0.932	GB/T 6343
3	炭黑含量（质量）/%	2.5±0.5	GB/T 13021
4	拉伸强度/MPa	≥20	GB/T 8804.3
5	断裂伸长率/%	≥500	GB/T 8804.3
6	纵向回缩率/%	<3	GB/T 6671
7	长期机械性能（4MPa，80℃）/h	1500	CJ/T 114—2000

（3）高密度聚乙烯防护层厚度要求见表 3-18。

5. 原材料验收

（1）多异氰酸酯和组合聚醚的抽查比例应符合表 3-20 的规定。多异氰酸酯的性能指标应符合表 3-11 的规定，聚氨酯泡沫原料（多异氰酸酯）检验批质量验收记录见表 3-29。组合聚醚的性能指标应符合表 3-12 的规定，聚氨酯泡沫原料（组合聚醚）检验批质量验收记录见表 3-30。

表 3-20 聚氨酯原料抽查比例

总桶数	1	2～10	11～30	31～60	61～130	131～300	301～600
抽查桶数	1	2	3	4	5	6	10

（2）聚乙烯原料应每 100t 为一批，不足 100t 时也为一批，测试密度、熔体流动速率、拉伸强度、断裂伸长率四项指标，测试性能应符合表 3-16 的要求，高密度聚乙烯原料及压制片检验批质量验收记录见表 3-31。

（3）当原材料测试结果中有一项试验不满足要求时，应在该批原料中追加两个样品按规定重新进行试验。当两个重复试验均满足规定要求时，该批原料可以使用；当两个重复试验之一（或两者）不满足规定要求时，该批原料不应使用。

二、“管中管” 生产工艺

1.“管中管”生产工艺质量检查依据

（1）GB/T 50538—2010《埋地钢质管道防腐保温层技术标准》。

（2）设计文件。

2.“管中管”生产工艺质量检查要点和要求

（1）“管中管”生产工艺流程如图 3-1 所示。

（2）“管中管”生产工艺质量检查要点和要求如下。

① 保温管的预制应在厂房内进行，避免环境温度骤变对生产造成不利影响。厂房内温度不得低于 10℃。

② 支架的组数和数量应满足钢管的自重要求，固定支架时应避免损伤防腐层。钢管和高密度聚乙烯防护层的留头长度应符合设计要求。

③ 发泡机宜采用高压发泡机，发泡前应检测校准发泡机双组分比例泵的流量，确定黑白料比例满足设计要求。

④ 正式生产前宜进行发泡试验，确定聚氨酯发泡原材料的发泡参数（如自由发泡密度、起发时间、不粘手时间等）符合保温管的生产要求。

⑤ 发泡机应有温控系统，确保聚氨酯原料的温度保持稳定，从而使发泡参数保持稳定。

⑥ 检查投料量是否满足保温管的生产要求，管端封堵与防护层贴合是否严密。

⑦ 低温环境进行保温管生产时，应采取热风等措施进行暖管，暖管后钢管温度宜控制在 20～40℃。

⑧ 应采用端头倾斜注料方式发泡。

⑨ 保温管注料发泡完成后，应熟化 10～20min 再卸去管端的封堵，环境温度较低时，发泡完成的保温管在厂房内熟化时间不小于 4h。保温管熟化过程中的摆放不应超过 2 层，管托宽度不小于 400mm，防止保温层凹陷变形。

⑩ 在保温管预制生产过程中，保温层内有空洞缺陷时，允许在防护层上打

孔，采用二次灌注发泡方式填充，聚乙烯防护层上的工艺开孔可采用电熔焊接法封闭。

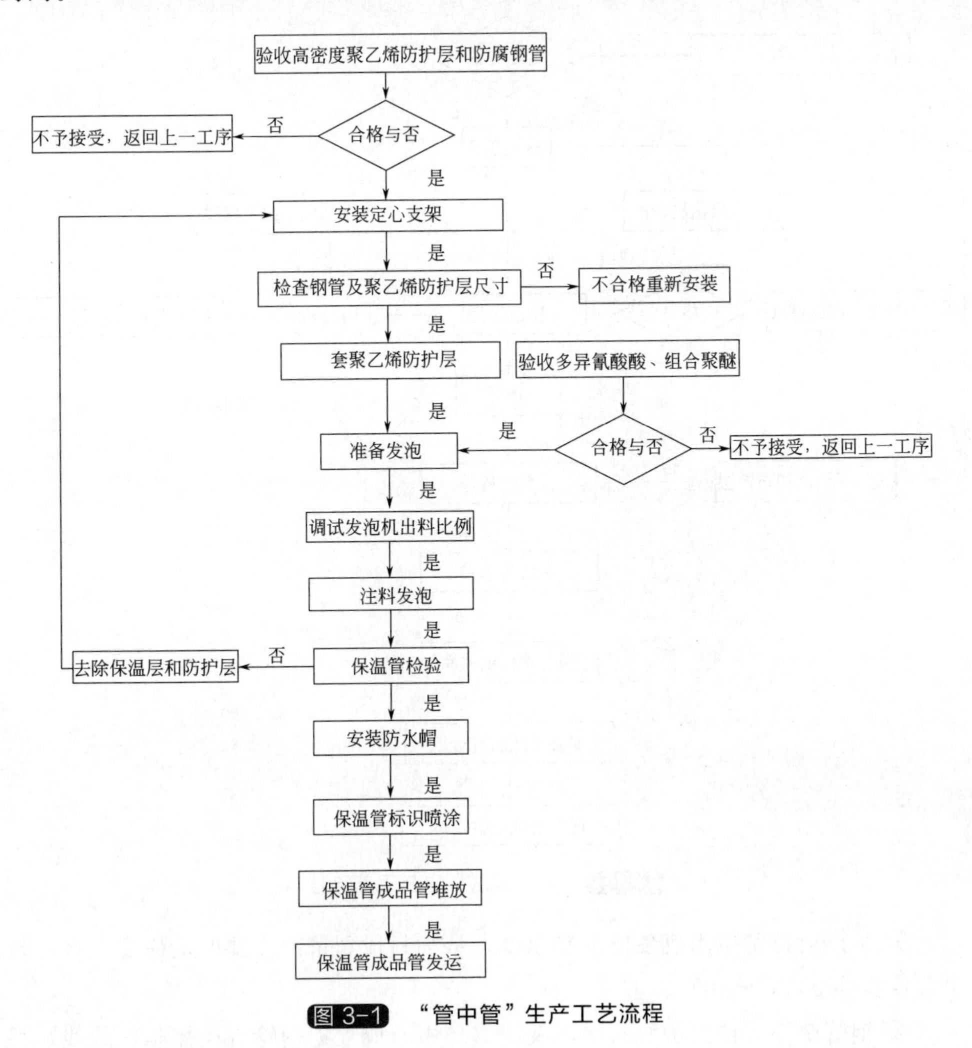

图 3-1 “管中管”生产工艺流程

三、“一步法” 生产工艺

1. “一步法”生产工艺质量检查依据

(1) GB/T 50538—2010《埋地钢质管道防腐保温层技术标准》。

(2) 设计文件。

2. “一步法”生产工艺质量检查要点和要求

(1)“一步法”生产工艺流程如图 3-2 所示。

(2)“一步法”生产工艺质量检查要点和要求如下。

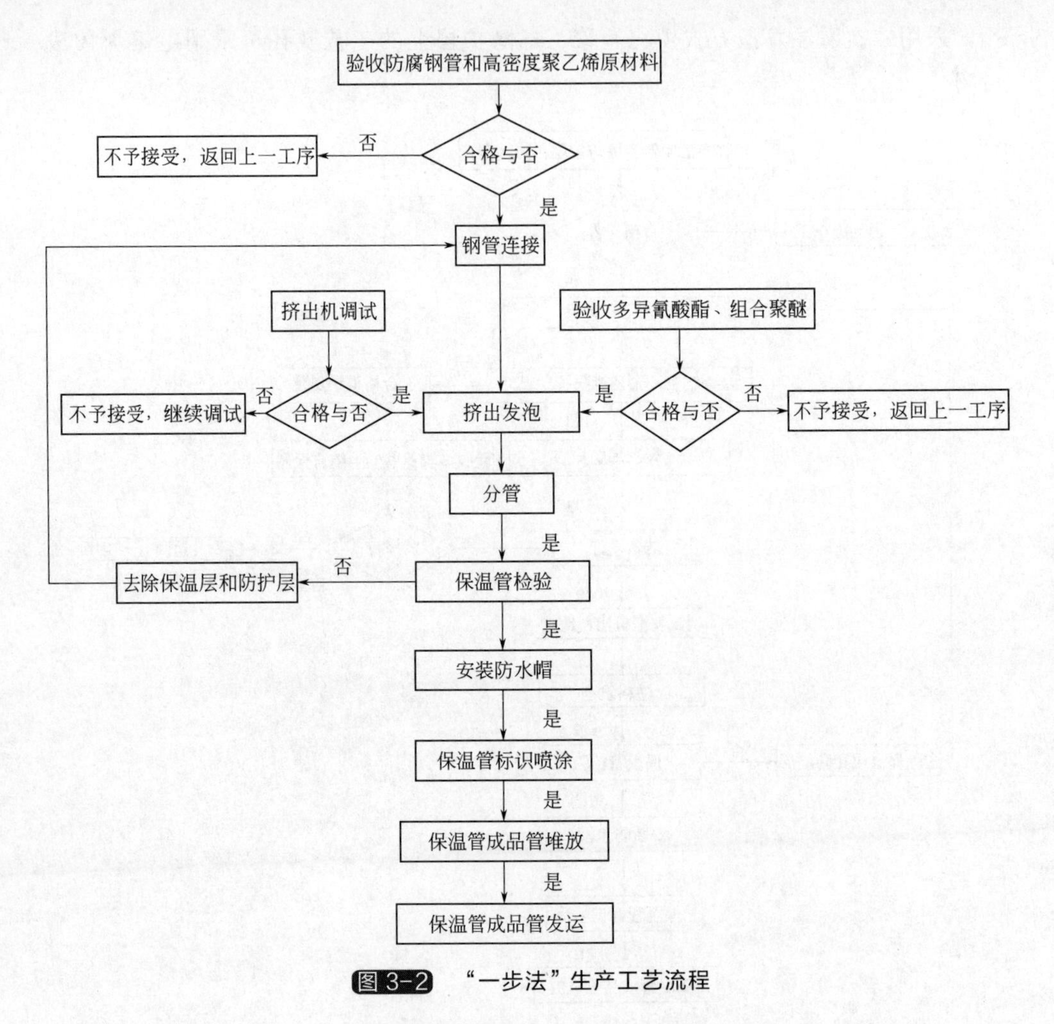

图3-2 “一步法”生产工艺流程

① 生产时控制挤出机各段加热温度，从加料段到挤出段温度呈梯度上升，挤出温度宜为205℃±10℃。

② 钢管中心、挤出机机头中心及纠偏环中心应根据钢管直径控制作业线，保持在同一条水平线上。

③ 测定比例泵输送的多异氰酸酯与组合聚醚比例，两者配合比应符合所用材料的工艺要求。

④ 泡沫塑料发泡前，应采用适当方法将钢管外表面加热到30℃±5℃，并应把组合聚醚和多异氰酸酯预热到规定温度，组合聚醚应连续搅拌。

⑤ 泡沫塑料原料可用喷枪连续混合，喷枪空气压力不低于0.5MPa。

⑥ 发泡液面距定径套0.5～1.0m，并保持稳定；纠偏环处于泡沫开始固化位置，位于泡沫液面后0.1～0.15m。

⑦ 生产时钢管用接头连接好，宜用胶带密封接缝。

⑧ 分管时应根据设计的留头尺寸要求切割。

⑨ 及时检查保温管的轴线偏心距，确保保温层和防护层轴向偏差满足设计要求。

⑩ 及时清洁传送滚轮，避免污染防腐层。

⑪ 保温管生产完成后，应在厂房内熟化一定时间，环境温度较低时，在厂房内熟化时间不小于4h。保温管熟化过程中应单层摆放，管托宽度不小于400mm，防止保温层凹陷变形。

⑫ 在保温管预制生产过程中，保温层内有空洞缺陷时，允许在防护层上打孔，采用二次灌注发泡方式填充，聚乙烯防护层上的工艺开孔可采用电熔焊接法封闭。

四、 保温管件预制

1. 保温管件质量检查依据

(1) GB/T 50538—2010《埋地钢质管道防腐保温层技术标准》。

(2) CJ/T 155—2001《高密度聚乙烯外护管聚氨酯硬质泡沫塑料预制直埋保温管件》。

(3) 设计文件。

2. 保温管件质量检查要点和要求

(1) 保温管件预制工艺流程如图3-3所示。

(2) 高密度聚乙烯防护层管节的预制质量检查要点和要求如下。

① 一般要求。

a. 高密度聚乙烯防护层的对接焊口宜采用镜面对接熔焊。

b. 手工挤出焊工艺适用于马鞍形焊缝、对接焊缝和搭接焊缝。

c. 必须有应用于设备操作和生产工艺的作业指导书。

d. 操作者必须具有相应的操作资质，厂内有其培训考核的合格记录。

e. 正式施工前，应进行塑料焊接工艺评定。

f. 当两段防护层焊接时，其管材及所用聚乙烯焊料熔体流动速率的差值不应大于0.5g/10min。

g. 手工挤出焊用焊料应与防护层的材料一致。

h. 用于制作管件的高密度聚乙烯管节内壁应洁净，确保防护层与聚氨酯泡沫的良好粘接性能。

i. 聚乙烯防护管管段最小长度不应小于200mm；冷弯弯管、热煨弯管的防护层管段之间的角度与焊接分段应满足最小保温层厚度要求。

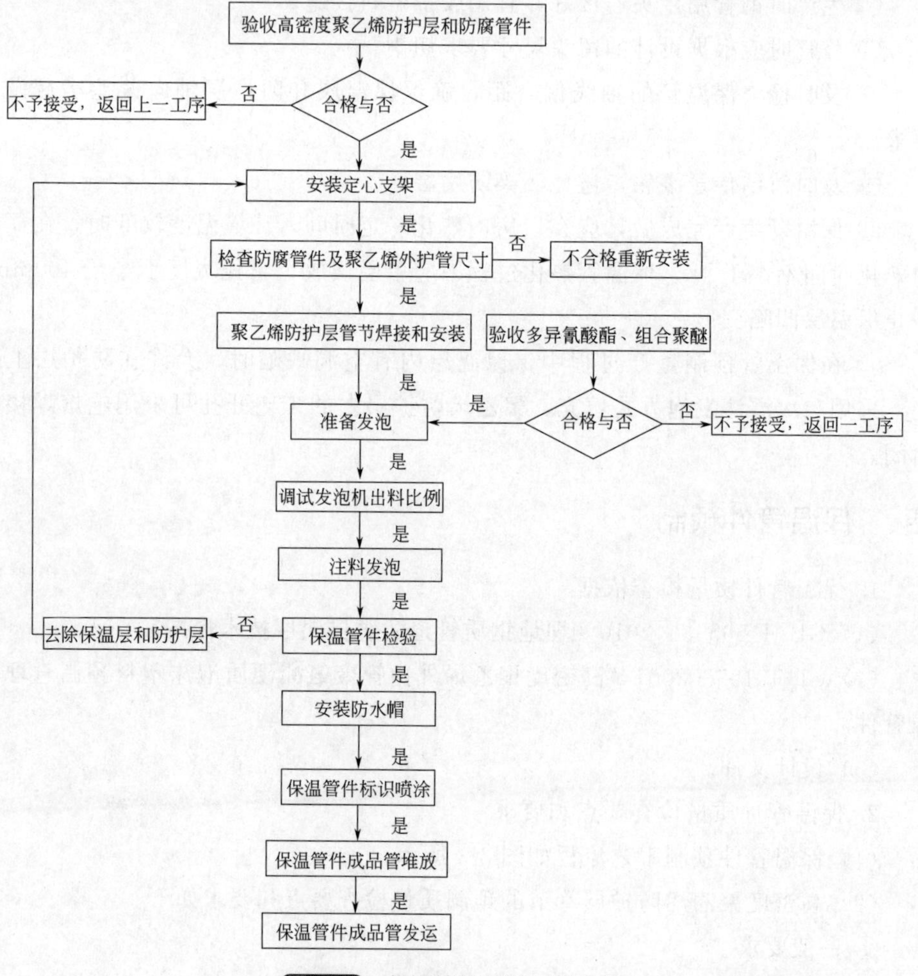

图 3-3 保温管件预制工艺流程

② 对于工位、机器设备和被焊管段的要求。

a. 工位应具备充足的光线条件让操作工能监测整个焊接工艺并对焊缝外观进行检查。

b. 机器设备应定期维护以确保正常的生产工艺。

c. 通过焊缝试样检验以确定机器设备的功能是否正常。

d. 焊接工作开始之前必须检查加热元件和焊接卡具是否干净、表面无损。

e. 加热元件的表面应有聚四氟乙烯（PTFE）或类似产品的涂层。挤出焊的出料头也应有 PTFE 或类似产品的涂层。

f. 焊接前，已备完料的塑料管管段都必须经过表面和端口清理。

g. 塑料管管段与机器周围环境的温差不超过 5℃。

③ 镜面对接熔焊工艺。

a. 焊接设备

i. 加热元件是与被焊端面平行的加热板，平行度的偏差应符合表 3-21 的规定。

表 3-21 热板平面平行度允许的偏差

防护层直径/mm	平面平行度允许的偏差/mm
<250	≤0.2
250～500	≤0.4
>500	≤0.8

ii. 加热板的温度应是自动控制，全部焊接过程中温度偏差应符合表 3-22 的规定。

表 3-22 允许最大温度偏差

防护层直径/mm	温度偏差/℃
<380	±5
380～650	±8
>650	±10

iii. 焊接设备的卡具和导向工具应具备足够的耐挤压性能，以保证焊接设备在焊接加压过程中产生的焊接表面的平行度误差不超过表 3-23 的规定。

表 3-23 焊接表面平行度误差的最大值

防护层直径/mm	焊接表面平行度误差的最大值/mm
≤355	0.5
355～630	1.0
630～800	1.3
900～1400	1.5

b. 焊接工艺

i. 在熔化压力 0.01MPa 下，两个管段的端口平面应满足表 3-23 中最大平行度误差。

ii. 将被夹持的塑料件卸压和移走加热板的时间应尽可能短，以确保被熔化的两个管段的端口平面尽快加压对接在一起。在 1～5s 内（根据壁厚而定）焊接压力加至 0.15MPa。

iii. 在保压而不受其他外力的情况下冷却至70℃以下。

iv. 焊接后焊缝均不允许强制冷却，焊缝在受重压之前应完全冷却。

④ 挤出焊焊接工艺。

a. 焊接设备应在两个管段的焊缝接口及附近区域连贯预热。

b. 焊接时必须控制在管段坡口面上的熔深不小于0.5mm。

c. 通过焊接导轮把合格均匀的塑性焊接料压入V形焊接区。焊接导轮的形状应与焊缝的形状相适应。

d. 焊缝搭接处应用合适的带有PTFE或类似材料涂层的手动工具压至光滑。

e. 焊接后焊缝均不允许强制冷却，焊缝在受重压之前应完全冷却。

(3) 保温管件发泡预制质量检查要点和要求见"'管中管'生产工艺质量检查要点和要求"。

(4) 冷弯弯管的保温预制生产工艺，也可采用冷弯弯管直穿方式。采用冷弯弯管直穿方式时应先进行试验，在确保保温层厚度及其他性能指标满足设计要求时，方可采用。

五、保温管、保温管件预制质量检查

1. 保温管、保温管件预制质量检查依据

(1) GB/T 50538—2010《埋地钢质管道防腐保温层技术标准》。

(2) CJ/T 155—2001《高密度聚乙烯外护管聚氨酯硬质泡沫塑料预制直埋保温管件》。

(3) 设计文件。

2. 保温管、保温管件预制质量检查要点和要求

(1) 保温管预制质量检查要点和要求如下。

① 保温层外观采用目测逐根检查，保温层应无收缩、发酥、开裂、烧芯等缺陷，不应有明显的空洞。

② "管中管"生产工艺的防护层应为黑色，其内外表面目测不应有损失其性能的沟槽。"一步法"生产工艺的防护层，其外表面目测不应有损失其性能的沟槽。防护层不允许有气泡、裂纹、凹陷、杂质、颜色不均等缺陷。管两端应切割平整，并与管的轴线垂直，角度误差应小于2.5°。

③ 防护层留头应符合设计要求。

④ 保温层、防护层距防腐层端面的长度应大于70mm。防水帽与防护层、防水帽与防腐层的搭接长度应不小于50mm。

⑤ 保温层任一截面轴线与钢管轴线间的偏心距应符合表3-24的规定。

表 3-24 保温管轴线偏心距

成型工艺	钢管直径/mm	轴线偏心距/mm
“一步法”	48～114	±3
	159～377	±5
	>377	
“管中管”	≤159	±3
	168～245	±4
	273～377	
	≥426	±5

⑥ 保温管的保温层厚度应符合表 3-25 规定。

表 3-25 保温管的保温层厚度

钢管管径/mm	保温层厚度/mm
273	50
355.6	50
508	40

(2) 保温管件预制质量检查要点和要求如下。

① 焊缝外观质量检查。

a. 镜面焊对接焊缝。

i. 对接焊缝融合点的最低处不能低于防护层表面。

ii. 在圆周焊口上任何一点，两个端口的径向错位量不应超过壁厚的 30%，对于不同壁厚的防护层焊缝错位量应按照较小的壁厚来要求。

iii. 焊缝全长上的两条熔融焊道都应有大致相同的形状和尺寸，而且两道焊道的总宽度应是 0.6～1.2 倍防护层壁厚，若壁厚小于 6mm，则为 2 倍壁厚。

iv. 焊缝全长上的两条熔融焊道应是弧形光滑的，不能有焊瘤、裂纹、凹坑、咬边、未焊满及深度超过 1mm 的刻痕等表面缺陷。

b. 手工焊挤出焊缝。

i. 挤出焊料应全部填满整个焊缝接头的 V 形坡口，不能有裂纹、咬边、未焊满及深度超过 1mm 的刻痕等表面缺陷。

ii. 在圆周焊口上任何一点，两个端口的径向错位量不应超过壁厚的 30%。对于不同壁厚的防护层，焊缝错位量应按照较小的壁厚来要求。

iii. 焊缝表面的焊道应是类似半圆形光滑凸起，而且高于外表面 10%～40% 壁厚。

iv. 挤出焊料形成的焊缝应覆盖防护层V形焊口边缘，宽度不应小于2mm。

v. 挤出焊缝的起始点和终止点搭接处，或一道焊口环向需要2～3条焊料完成时，焊料之间的搭接处应无刻痕地去除多余的焊料。

② 焊接防护层的严密性检查。

焊接防护层管件在发泡后，管件外部（端口除外）不应看到聚氨酯泡沫溢出，否则该管件防护层应予以更换。

③ 中心线偏差检查。

工作钢管和防护层中心线在管件端部的偏差应符合表3-26规定。

表3-26 管件端部中心线允许偏差

防护层外径/mm	中心线偏差/mm
75～160	3.0
180～400	5.0
420～655	7.0
710～850	9.0
960及以上	10.0

④ 角度偏差。

在管端部的直管处，钢管中心线和防护层中心线之间的角度不应超过2°。

⑤ 高密度聚乙烯防护层直径的增大率。

发泡后聚乙烯防护层平均直径的增大率不应超过2%。

高密度聚乙烯防护层直径的增大应采用测量防护层圆周的方法确定，在发泡前和发泡后于防护层的同一位置上进行测量。直径的增大用发泡前和发泡后直径增加的百分数表示。

⑥ 冷弯弯管、热煨弯管的最小保温层厚度。

冷弯弯管上任何一点的保温层厚度不应少于公称保温层厚度5mm。

热煨弯管上任何一点的保温层厚度不应少于公称保温层厚度的50%。

六、 防水帽安装

1. 防水帽材料质量检查要点和要求

(1) 防水帽采用辐射交联热缩材料，由基材和底胶两部分组成。基材为辐射交联聚乙烯材料，底胶为热熔胶。防水帽的热缩比（收缩后：收缩前）应小于0.45。

(2) 防水帽应按管径选用配套的规格。防水帽的基材和胶的性能指标应符合表3-27的规定。

表 3-27 辐射交联热缩材料的性能指标

序号	试验项目	性能指标	试验方法
基材			
1	拉伸强度 /MPa	≥17	GB/T 1040.2
2	断裂伸长率 /%	≥400	GB/T 1040.2
3	维卡软化点 /℃	≥90	GB/T 1633
4	脆化温度 /℃	≤−65	GB/T 5470
5	电气强度 /（MV/m）	≥25	GB/T 1408.1
6	体积电阻率 /Ω·m	$\geqslant 1\times10^{13}$	GB/T 1410
7	长期机械性能 （4MPa，80℃）/h	1500	CJ/T 114—2000
8	耐化学介质腐蚀（浸泡 7d）/%② 10%HCl 10%NaOH 10%NaCl	 ≥85 ≥85 ≥85	GB/T 23257 附录 H
9	耐热老化（150℃，21d） 拉伸强度/MPa 断裂伸长率/%	 ≥14 ≥300	 GB/T 1040.2 GB/T 1040.2
10	冲击强度/（J/mm）	≥8	GB/T 23257 附录 K
胶			
1	胶软化点（环球法） （最高设计温度为 70℃时） /℃	≥110	GB/T 4507
2	搭接剪切强度（23℃） /MPa	≥1.0	GB/T 7124②
3	搭接剪切强度（50℃或 70℃）① /MPa	≥0.05	GB/T 7124③
4	脆化温度 /℃	≤−15	GB/T 23257 附录 M

续表

序号	试验项目	性能指标	试验方法
5	剥离强度/（N/cm） 收缩带（套）/钢（23℃） （50℃或70℃） 收缩带（套）/环氧底漆钢（23℃） （50℃或70℃） 收缩带（套）/聚乙烯层（23℃） （50℃或70℃）	内聚破坏 ≥70 ≥10 ≥70 ≥10 ≥70 ≥10	GB/T 2792

① 除热冲击外，基材性能需经过200℃±5℃、5min自由收缩后进行测定。
② 耐化学介质腐蚀指标为试验后的拉伸强度和断裂伸长率的保持率。
③ 拉伸速度为10mm/min。

（3）防水帽厚度应符合表3-28的要求。

表3-28　辐射交联热缩材料厚度

序号	适用管径 DN/mm	基材厚度/mm	底胶厚度/mm
1	≤400	≥1.2	≥1.0
2	＞400	≥1.5	

（4）防水帽的包装应完好，确保底胶洁净无污物尘土。

（5）防水帽严禁重压、曝晒、雨淋，严禁与油脂、溶剂等有害物质接触，应于阴凉干燥处储放，应远离热源。

（6）对每一牌号的防水帽，使用前按照表3-27、表3-28规定的项目进行一次型式检验，其型式检验验收记录见表3-40。使用过程中，防水帽每批到货（不超过1500个），每种规格至少抽查一组试样，测试拉伸强度、断裂伸长率、维卡软化点、剥离强度四项指标，检测结果应符合表3-27的要求，其检验批质量验收记录见表3-32。

2. 防水帽安装方法

（1）安装防水帽时，先清洁防水帽与钢管和防护层的搭接部位，有油污的地方应用纱布擦干净，并打毛防护层的搭接部位。

（2）将钢管及打毛的防护层搭接部分预热。在不影响原防腐层的情况下预热温度应达到50℃。

（3）将防水帽套入，用火焰加热器对防水帽大头周向均匀加热收缩，直到热熔胶溢出。如气温高，加热小头时有滑移，可用湿毛巾覆在上方。

（4）防水帽端部（与泡沫贴附处）不得加热过度。

（5）加热防水帽的小头至热熔胶溢出。当收缩完毕后，用压辊对防水帽滚压一遍。

（6）防水帽安装完毕后应无气泡，无表面炭化现象及明显褶皱，所有边缘有胶溢出，粘接牢固，而后自然冷却到常温。

3. 防水帽安装质量检查要点与要求

（1）保温管预制厂应在保温管和保温管件室外停留 24h 之后安装防水帽。

（2）逐根检查防水帽的施工质量，防水帽与防护层及防腐层应结合良好，表面圆滑，无褶皱，且外观应无烤焦、鼓包、翘边，两端搭接处有少量胶均匀溢出。

（3）用钢直尺测量防水帽与防护层、防水帽与防腐钢管的搭接长度应不小于 50mm。

（4）每 500 个防水帽检查一次剥离强度。防水帽剥离强度检测应按附录 E 的规定进行，10～35℃的剥离强度应不小于 50N/cm，如不合格，应加倍抽查；若加倍抽查仍不合格，则该批防水帽应全部返修，防水帽安装质量检验批验收记录见表 3-41。

七、保温管、保温管件标识

1. 保温管、保温管件标识质量检查依据

（1）GB/T 50538—2010《埋地钢质管道防腐保温层技术标准》。

（2）CJ/T 114—2000《高密度聚乙烯外护管聚氨酯泡沫塑料预制直埋保温管》。

（3）CJ/T 155—2001《高密度聚乙烯外护管聚氨酯硬质泡沫塑料预制直埋保温管件》。

（4）设计文件。

2. 保温管、保温管件标识质量检查要点和要求

（1）保温管生产厂家应在防护层上标识如下。

① 生产厂家名称。

② 钢管材质等级、规格及长度。

③ 执行标准。

④ 防护层规格。

⑤ 防腐等级。

⑥ 生产日期。

⑦ 检验合格的保温管成品应在距管端 500mm 处喷涂产品标识。

（2）保温管件应在防护层上标识如下。

① 生产厂家名称。

② 钢管材质等级、规格、长度和弯曲角度。

③ 执行标准。

④ 防护层规格。

⑤ 防腐等级。

⑥ 生产日期。

八、 保温管、 保温管件出厂质量检查

1. 保温管、保温管件出厂质量检查依据

(1) GB/T 50538—2010《埋地钢质管道防腐保温层技术标准》。

(2) CJ/T 114—2000《高密度聚乙烯外护管聚氨酯泡沫塑料预制直埋保温管》。

(3) CJ/T 155—2001《高密度聚乙烯外护管聚氨酯硬质泡沫塑料预制直埋保温管件》。

(4) 设计文件。

2. 保温管、保温管件出厂质量检查要点和要求

(1) 随产品提供的合格证应包括产品名称、生产厂名称、生产日期、班次和质检员代号。

(2) 逐根检查保温管和保温管件的外观质量，防护层表面应光滑平整，无暗泡、麻点、裂口等缺陷。保温层应充满钢管和防护层的环形空间，无开裂、脱层、收缩等缺陷。

(3) "管中管"生产工艺采用的防护层和保温管件的防护层应测试其密度、拉伸强度、断裂伸长率和纵向回缩率四项指标，常温环境配方时其性能应符合表3-15 的规定，低温环境配方时其性能应符合表 3-19 的规定。

(4) "一步法"生产工艺的防护层测试其密度、拉伸强度、断裂伸长率及压痕硬度四项指标，其性能应符合表 3-17 的规定。

(5) 保温层应测试其表观密度、吸水率、压缩强度和热导率四项指标，"一步法"生产工艺保温层性能应符合表 3-13 的规定，"管中管"生产工艺保温层性能应符合表 3-14 的规定。保温层应无收缩、发酥、泡孔不均、烧芯等缺陷。

3. 形式检验

当有下列情况之一时，应进行型式检验。

(1) 新产品的试制、定型、鉴定或老产品转厂生产时。

(2) 正式生产后，如结构、材料、工艺等有较大改变，可能影响产品性能时。

(3) 产品停产一年，恢复生产时。

(4) 出厂检验结果与上次型式检验有较大差异时。

(5) 国家质量监督机构提出进行型式检验要求时。

(6) 正常生产时，每两年或累计产量达到 300km，应进行周期性型式检验。

4. 检验规则

(1) 保温管检验规则。

① 型式检验。

保温管正式生产前，“一步法”生产工艺的聚氨酯泡沫塑料按表3-13进行检查，其型式检验质量验收记录见表3-33，“管中管”生产工艺的聚氨酯泡沫塑料按表3-14进行检查，其型式检验质量验收记录见表3-34。常温环境“管中管”生产工艺高密度聚乙烯防护层性能应按表3-15进行检查，其型式检验验收记录见表3-35。低温环境“管中管”生产工艺高密度聚乙烯防护层性能应按表3-19进行检查，其型式检验验收记录见表3-26。“一步法”生产工艺高密度聚乙烯专用料及压制片性能按表3-16进行检查，其型式检验质量验收记录见表3-37。“一步法”生产工艺高密度聚乙烯防护层性能按表3-17进行检查，其型式检验质量验收记录见表3-38。所有型式检验项目全部检验合格后，才能正式生产。

② 出厂检验。

采用“一步法”时，每连续生产5km产品应抽查一根，不足5km时也应抽查一根；采用“管中管”生产工艺时，同一原料、同一配方，同一工艺生产的同一规格保温管为一批，每5km应至少抽检一根，不足5km时也至少抽查一根。检查防护层和保温层性能，若抽查不合格，应加倍检查，仍不合格，则全批为不合格。保温管检验批质量验收记录见表3-42。

(2) 保温管件检验规则。

① 型式检验。

保温管件正式生产前，聚氨酯泡沫塑料按表3-14进行检查，其型式检验质量验收记录见表3-34。常温环境高密度聚乙烯防护层性能应按表3-15进行检查，其型式检验验收记录见表3-35。低温环境高密度聚乙烯防护层性能应按表3-19进行检查，其检验验收记录见表3-36。此外，防护层管节的塑料焊接还应进行焊接工艺评定试验。所有型式检验项目全部检验合格后，才能正式生产。

② 出厂检验。

每100件保温管件为一批，抽查一件，不足100件时也抽查一件。每批保温管件应随机进行抽检。若抽查不合格，应加倍抽查，仍不合格，则全批为不合格。保温管件检验批质量验收记录见表3-43。

九、 检验批质量验收记录

1. 原材料检验批质量验收记录

(1) 聚氨酯泡沫原料（多异氰酸酯）检验批质量验收记录见表3-29。

表 3-29　聚氨酯泡沫原料（多异氰酸酯）检验批质量验收记录

<table>
<tr><td colspan="2">工程名称</td><td></td><td>分项工程名称</td><td></td><td>验收部位</td><td></td></tr>
<tr><td colspan="2">施工单位</td><td></td><td>专业负责人</td><td></td><td>项目经理</td><td></td></tr>
<tr><td colspan="2">施工执行标准名称及编号</td><td colspan="3"></td><td>检验批编号</td><td></td></tr>
<tr><td colspan="4">质量验收规范规定</td><td colspan="2">施工单位检查评定记录</td><td>驻厂监造验收意见</td></tr>
<tr><td rowspan="5">主控项目</td><td>1</td><td colspan="2">应有产品质量证明书、检验报告、使用说明书、出厂合格证、生产日期及有效期</td><td colspan="2"></td><td></td></tr>
<tr><td>2</td><td colspan="2">—NCO 含量：29％～32％</td><td colspan="2"></td><td></td></tr>
<tr><td>3</td><td colspan="2">酸值：＜0.3mgKOH/g</td><td colspan="2"></td><td></td></tr>
<tr><td>4</td><td colspan="2">水解氯含量：＜0.5％</td><td colspan="2"></td><td></td></tr>
<tr><td>5</td><td colspan="2">黏度（25℃）：＜0.25Pa·s</td><td colspan="2"></td><td></td></tr>
<tr><td>一般项目</td><td>1</td><td colspan="2">外观检查：
桶装原料应包装完好，无泄漏</td><td colspan="2"></td><td></td></tr>
<tr><td colspan="2">施工单位检查评定结果</td><td colspan="5">项目专业质量检查员　　　　年　月　日</td></tr>
<tr><td colspan="2">驻厂监造验收结论</td><td colspan="5">驻厂监造工程师　　　　年　月　日</td></tr>
<tr><td colspan="2">备注</td><td colspan="5">按表 3-20 进行抽检</td></tr>
</table>

（2）聚氨酯泡沫原料（组合聚醚）检验批质量验收记录见表 3-30。

表 3-30 聚氨酯泡沫原料（组合聚醚）检验批质量验收记录

工程名称			分项工程名称		验收部位	
施工单位			专业负责人		项目经理	
施工执行标准名称及编号					检验批编号	
质量验收规范规定				施工单位检查评定记录		驻厂监造验收意见
主控项目	1	应有产品质量证明书、检验报告、使用说明书、出厂合格证、生产日期及有效期				
	2	羟值：470～510mgKOH/g				
	3	酸值：＜0.1mgKOH/g				
	4	水分：＜1%				
	5	黏度（25℃）：500～1000mPa·s				
一般项目	1	外观检查： 桶装原料应包装完好，无泄漏				
施工单位检查评定结果	项目专业质量检查员			年　月　日		
驻厂监造验收结论	驻厂监造工程师			年　月　日		
备注	按表 3-20 进行抽检					

（3）高密度聚乙烯原料及压制片检验批质量验收记录见表 3-31。

表 3-31　高密度聚乙烯原料及压制片检验批质量验收记录

<table>
<tr><td colspan="2">工程名称</td><td></td><td>分项工程名称</td><td></td><td>验收部位</td><td></td></tr>
<tr><td colspan="2">施工单位</td><td></td><td>专业负责人</td><td></td><td>项目经理</td><td></td></tr>
<tr><td colspan="2">施工执行标准名称及编号</td><td colspan="3"></td><td>检验批编号</td><td></td></tr>
<tr><td colspan="4">质量验收规范规定</td><td colspan="2">施工单位检查评定记录</td><td>驻厂监造验收意见</td></tr>
<tr><td rowspan="5">主控项目</td><td>1</td><td colspan="2">应有产品质量证明书、检验报告、使用说明书、出厂合格证、生产日期及有效期</td><td colspan="2"></td><td></td></tr>
<tr><td>2</td><td colspan="2">密度：≥0.93g/cm³</td><td colspan="2"></td><td></td></tr>
<tr><td>3</td><td colspan="2">熔体流动速率（负荷 5kg）：0.2～1.4g/10min</td><td colspan="2"></td><td></td></tr>
<tr><td>4</td><td colspan="2">拉伸强度：≥20MPa</td><td colspan="2"></td><td></td></tr>
<tr><td>5</td><td colspan="2">断裂伸长率：≥600%</td><td colspan="2"></td><td></td></tr>
<tr><td>一般项目</td><td>1</td><td colspan="2">外观检查：
原料应包装完好</td><td colspan="2"></td><td></td></tr>
<tr><td colspan="2">施工单位检查评定结果</td><td colspan="5">项目专业质量检查员　　　　年　月　日</td></tr>
<tr><td colspan="2">驻厂监造验收结论</td><td colspan="5">驻厂监造工程师　　　　年　月　日</td></tr>
<tr><td colspan="2">备注</td><td colspan="5">每 100t 高密度聚乙烯原料为一检验批，不足 100t 时也抽查 1 次</td></tr>
</table>

（4）防水帽材料检验批质量验收记录见表 3-32。

表 3-32　防水帽材料检验批质量验收记录

工程名称			分项工程名称		验收部位	
施工单位			专业负责人		项目经理	
施工执行标准名称及编号					检验批编号	
质量验收规范规定			施工单位检查评定记录			驻厂监造验收意见
主控项目	1	辐射交联热缩材料应有产品质量证明书、检验报告、使用说明书、出厂合格证、生产日期及有效期				
	2	基材性能： （1）拉伸强度：≥17MPa （2）断裂伸长率：≥400% （3）维卡软化点：≥90℃				
	3	胶性能： 剥离强度：内聚破坏 收缩带（套）/钢（23℃）：≥70N/cm （50℃或 70℃）：≥10N/cm 收缩带（套）/环氧底漆钢（23℃）：≥70N/cm （50℃或 70℃）：≥10N/cm 收缩带（套）/聚乙烯层（23℃）：≥70N/cm （50℃或 70℃）：≥10N/cm				
一般项目	1	外观检查： 原料应包装完好				
施工单位检查评定结果	项目专业质量检查员　　　　年　月　日					
驻厂监造验收结论	驻厂监造工程师　　　　年　月　日					
备注	每 1500 个为一检验批，不足 1500 个时也抽查 1 次					

2. 正式生产前型式检验验收记录

（1）“一步法”生产工艺聚氨酯泡沫型式检验验收记录见表 3-33。

表 3-33 “一步法”生产工艺聚氨酯泡沫型式检验验收记录

<table>
<tr><td colspan="2">工程名称</td><td></td><td>分项工程名称</td><td></td><td>验收部位</td><td></td></tr>
<tr><td colspan="2">施工单位</td><td></td><td>专业负责人</td><td></td><td>项目经理</td><td></td></tr>
<tr><td colspan="2">施工执行标准名称及编号</td><td colspan="3"></td><td>检验批编号</td><td></td></tr>
<tr><td colspan="4">质量验收规范规定</td><td colspan="2">施工单位检查评定记录</td><td>驻厂监造验收意见</td></tr>
<tr><td rowspan="5">主控项目</td><td>1</td><td colspan="2">表观密度：≥55kg/m³</td><td colspan="2"></td><td></td></tr>
<tr><td>2</td><td colspan="2">压缩强度：≥0.2MPa</td><td colspan="2"></td><td></td></tr>
<tr><td>3</td><td colspan="2">吸水率：≤0.03g/cm³</td><td colspan="2"></td><td></td></tr>
<tr><td>4</td><td colspan="2">热导率：≤0.03W/（m·K）</td><td colspan="2"></td><td></td></tr>
<tr><td>5</td><td colspan="2">耐热性：
①尺寸变化率：≤3%
②重量变化率：≤2%
③强度变化率：≤5%</td><td colspan="2"></td><td></td></tr>
<tr><td>一般项目</td><td>1</td><td colspan="2">外观检查：
无收缩、发酥、烧芯现象</td><td colspan="2"></td><td></td></tr>
<tr><td>施工单位检查评定结果</td><td colspan="6">项目专业质量检查员　　　　年　月　日</td></tr>
<tr><td>驻厂监造验收结论</td><td colspan="6">驻厂监造工程师　　　　年　月　日</td></tr>
<tr><td>备注</td><td colspan="6">正式生产前进行一次型式检验，其他按型式检验规定进行</td></tr>
</table>

（2）“管中管”生产工艺聚氨酯泡沫型式检验验收记录见表 3-34。

表 3-34 “管中管”生产工艺聚氨酯泡沫型式检验验收记录

<table>
<tr><td colspan="2">工程名称</td><td></td><td>分项工程名称</td><td></td><td>验收部位</td><td></td></tr>
<tr><td colspan="2">施工单位</td><td></td><td>专业负责人</td><td></td><td>项目经理</td><td></td></tr>
<tr><td colspan="2">施工执行标准
名称及编号</td><td colspan="3"></td><td>检验批编号</td><td></td></tr>
<tr><td colspan="4">质量验收规范规定</td><td colspan="2">施工单位检查评定记录</td><td>驻厂监造
验收意见</td></tr>
<tr><td rowspan="5">主控项目</td><td>1</td><td colspan="2">表观密度：≥60kg/m^3</td><td colspan="2"></td><td></td></tr>
<tr><td>2</td><td colspan="2">压缩强度：≥0.3MPa</td><td colspan="2"></td><td></td></tr>
<tr><td>3</td><td colspan="2">吸水率：≤0.03g/cm^3</td><td colspan="2"></td><td></td></tr>
<tr><td>4</td><td colspan="2">热导率：≤0.03W/（m·K）</td><td colspan="2"></td><td></td></tr>
<tr><td>5</td><td colspan="2">耐热性：
①尺寸变化率：≤3%
②重量变化率：≤2%
③强度变化率：≤5%</td><td colspan="2"></td><td></td></tr>
<tr><td>一般项目</td><td>1</td><td colspan="2">外观检查：
无收缩、发酥、烧芯现象</td><td colspan="2"></td><td></td></tr>
<tr><td colspan="2">施工单位检查评定结果</td><td colspan="5">项目专业质量检查员　　　　　　　　　　年　月　日</td></tr>
<tr><td colspan="2">驻厂监造验收结论</td><td colspan="5">驻厂监造工程师　　　　　　　　　　年　月　日</td></tr>
<tr><td colspan="2">备注</td><td colspan="5">正式生产前进行一次型式检验，其他按型式检验规定进行</td></tr>
</table>

（3）常温环境“管中管”生产工艺高密度聚乙烯防护层型式检验验收记录见表 3-35。

表 3-35 常温环境“管中管”生产工艺高密度聚乙烯防护层型式检验验收记录

工程名称			分项工程名称		验收部位	
施工单位			专业负责人		项目经理	
施工执行标准名称及编号					检验批编号	
质量验收规范规定			施工单位检查评定记录			驻厂监造验收意见
主控项目	1	密度：≥0.932g/cm³				
	2	炭黑含量（质量）：2.5%±0.5%				
	3	拉伸强度：≥19MPa				
	4	断裂伸长率：≥350%				
	5	纵向回缩率：<3%				
	6	长期机械性能（4MPa，80℃）：1500h				
一般项目	1	外观检查：黑色，无气泡、裂纹、凹陷、杂质、颜色不均现象				
施工单位检查评定结果	项目专业质量检查员　　年　月　日					
驻厂监造验收结论	驻厂监造工程师　　年　月　日					
备注	每 100km 进行一次型式检验，其他按型式检验规定进行					

（4）低温环境“管中管”生产工艺高密度聚乙烯防护层型式检验验收记录见表 3-36。

表 3-36 低温环境“管中管”生产工艺高密度聚乙烯防护层型式检验验收记录

工程名称		分项工程名称		验收部位	
施工单位		专业负责人		项目经理	
施工执行标准名称及编号				检验批编号	
质量验收规范规定			施工单位检查评定记录		驻厂监造验收意见
主控项目	1	密度：≥0.932g/cm^3			
	2	炭黑含量（质量）：2.5%±0.5%			
	3	拉伸强度：≥20MPa			
	4	断裂伸长率：≥500%			
	5	纵向回缩率：<3%			
	6	长期机械性能（4MPa，80℃）：1500h			
一般项目	1	外观检查：黑色，无气泡、裂纹、凹陷、杂质、颜色不均现象			
施工单位检查评定结果	项目专业质量检查员		年　月　日		
驻厂监造验收结论	驻厂监造工程师		年　月　日		
备注	每 100km 进行一次型式检验，其他按型式检验规定进行				

（5）“一步法”生产工艺高密度聚乙烯原料及压制片型式检验验收记录见表 3-37。

表 3-37 “一步法”生产工艺高密度聚乙烯原料及压制片型式检验验收记录

<table>
<tr><td colspan="2">工程名称</td><td></td><td>分项工程名称</td><td></td><td>验收部位</td><td></td></tr>
<tr><td colspan="2">施工单位</td><td></td><td>专业负责人</td><td></td><td>项目经理</td><td></td></tr>
<tr><td colspan="2">施工执行标准名称及编号</td><td colspan="3"></td><td>检验批编号</td><td></td></tr>
<tr><td colspan="3">质量验收规范规定</td><td colspan="3">施工单位检查评定记录</td><td>驻厂监造验收意见</td></tr>
<tr><td rowspan="13">主控项目</td><td>1</td><td>应有产品质量证明书、检验报告、使用说明书、出厂合格证、生产日期及有效期</td><td colspan="3"></td><td></td></tr>
<tr><td>2</td><td>密度：≥0.93g/cm³</td><td colspan="3"></td><td></td></tr>
<tr><td>3</td><td>熔体流动速率（负荷 5kg）：0.2～1.4g/10min</td><td colspan="3"></td><td></td></tr>
<tr><td>4</td><td>拉伸强度：≥20MPa</td><td colspan="3"></td><td></td></tr>
<tr><td>5</td><td>断裂伸长率：≥600％</td><td colspan="3"></td><td></td></tr>
<tr><td>6</td><td>维卡软化点：≥90℃</td><td colspan="3"></td><td></td></tr>
<tr><td>7</td><td>脆化温度：＜－65℃</td><td colspan="3"></td><td></td></tr>
<tr><td>8</td><td>长期机械性能（4MPa，80℃）：1500h</td><td colspan="3"></td><td></td></tr>
<tr><td>9</td><td>电气强度：＞25MV/m</td><td colspan="3"></td><td></td></tr>
<tr><td>10</td><td>体积电阻率：$>1\times10^{14}\Omega\cdot m$</td><td colspan="3"></td><td></td></tr>
<tr><td>11</td><td>耐化学介质腐蚀（浸泡 7d）：
①10％HCl 溶液：≥85％
②10％NaOH 溶液：≥85％
③10％NaCl 溶液：≥85％</td><td colspan="3"></td><td></td></tr>
<tr><td>12</td><td>耐热老化（100℃，4800h）：≤35％</td><td colspan="3"></td><td></td></tr>
<tr><td>13</td><td>耐紫外光老化（336h）：≥80％</td><td colspan="3"></td><td></td></tr>
<tr><td>一般项目</td><td>1</td><td>外观检查：
原料应包装完好，无泄漏</td><td colspan="3"></td><td></td></tr>
<tr><td colspan="2">施工单位检查评定结果</td><td colspan="5">项目专业质量检查员　　　　年　月　日</td></tr>
<tr><td colspan="2">驻厂监造验收结论</td><td colspan="5">驻厂监造工程师　　　　年　月　日</td></tr>
<tr><td colspan="2">备注</td><td colspan="5">正式生产前进行一次型式检验，其他按型式检验规定进行</td></tr>
</table>

（6）“一步法”生产工艺高密度聚乙烯防护层型式检验验收记录见表3-38。

表3-38 “一步法”生产工艺高密度聚乙烯防护层型式检验验收记录

<table>
<tr><td colspan="2">工程名称</td><td></td><td>分项工程名称</td><td></td><td>验收部位</td><td></td></tr>
<tr><td colspan="2">施工单位</td><td></td><td>专业负责人</td><td></td><td>项目经理</td><td></td></tr>
<tr><td colspan="2">施工执行标准
名称及编号</td><td colspan="3"></td><td>检验批编号</td><td></td></tr>
<tr><td colspan="4">质量验收规范规定</td><td colspan="2">施工单位检查评定记录</td><td>驻厂监造
验收意见</td></tr>
<tr><td rowspan="4">主控项目</td><td>1</td><td colspan="2">拉伸强度：
①轴向强度：≥20MPa
②径向强度：≥20MPa
③偏差：＜15％</td><td colspan="2"></td><td></td></tr>
<tr><td>2</td><td colspan="2">断裂伸长率：≥600％</td><td colspan="2"></td><td></td></tr>
<tr><td>3</td><td colspan="2">长期机械性能（4MPa，80℃）：1500h</td><td colspan="2"></td><td></td></tr>
<tr><td>4</td><td colspan="2">压痕硬度
23℃±2℃ ≤0.2mm
50℃±2℃ ≤0.3mm</td><td colspan="2"></td><td></td></tr>
<tr><td>一般项目</td><td>1</td><td colspan="2">外观检查：
无气泡、裂纹、凹陷、杂质、颜色不均现象</td><td colspan="2"></td><td></td></tr>
<tr><td>施工单位检查评定结果</td><td colspan="6">项目专业质量检查员 年 月 日</td></tr>
<tr><td>驻厂监造验收结论</td><td colspan="6">驻厂监造工程师 年 月 日</td></tr>
<tr><td>备注</td><td colspan="6">每100km进行一次型式检验，其他按型式检验规定进行</td></tr>
</table>

（7）保温管件型式检验验收记录见表3-39。

表 3-39　保温管件型式检验验收记录

工程名称		分项工程名称		验收部位	
施工单位		专业负责人		项目经理	
施工执行标准名称及编号				检验批编号	

		质量验收规范规定	施工单位检查评定记录	驻厂监造验收意见
主控项目	1	保温管件预制工艺应符合设计要求，并有防护层塑料焊接工艺评定报告		
主控项目	2	（1）防护层材料应符合设计要求： 常温环境使用时其性能应符合表3-15的规定，低温环境使用时其性能应符合表 3-19 的规定 （2）保温层应符合设计要求，其性能应符合表 3-14 的规定 （3）防腐层应符合设计要求 （4）管件材质、规格应符合设计要求		
主控项目	3	防护层的严密性检查：焊接防护层管件在发泡后，管件外部（端口除外）不应看到聚氨酯泡沫溢出，否则该管件防护层应予以更换		
主控项目	4	角度偏差：在管端部的直管处，钢管中心线和防护层中心线之间的角度不应超过 2°		
主控项目	5	发泡后聚乙烯防护层平均直径的增大值不应超过 2%		
主控项目	6	冷弯弯管、热煨弯管的最小保温层厚度： （1）冷弯弯管任何一点的保温层厚度不应少于公称保温层厚度 5mm （2）热煨弯管上任何一点的保温层厚度不应少于公称保温层厚度的 50%		
一般项目	1	保温管件标识应符合设计要求		
一般项目	2	保温管件留头应符合设计要求：留头长度 150～200mm		
一般项目	3	保温管件端头防水帽与防护层及防腐层应结合良好，表面圆滑，无褶皱，且外观应无烤焦、鼓包、翘边，两端搭接处有少量胶均匀溢出		

续表

<table>
<tr><td>工程名称</td><td></td><td>分项工程名称</td><td></td><td>验收部位</td><td></td></tr>
<tr><td>施工单位</td><td></td><td>专业负责人</td><td></td><td>项目经理</td><td></td></tr>
<tr><td>施工执行标准名称及编号</td><td colspan="3"></td><td>检验批编号</td><td></td></tr>
<tr><td colspan="3">质量验收规范规定</td><td colspan="2">施工单位检查评定记录</td><td>驻厂监造验收意见</td></tr>
<tr><td rowspan="2">一般项目</td><td>4</td><td>工作钢管和防护层中心线在管件端部的偏差应符合设计要求：
（1）防护层外径为180～400mm，中心线允许偏差为5.0mm
（2）防护层外径为420～655mm，中心线允许偏差为7.0mm</td><td colspan="2"></td><td rowspan="2"></td></tr>
<tr><td>5</td><td>焊缝外观应符合本手册或设计要求：
（1）镜面焊对接焊缝
① 对接焊缝融合点的最低处不能低于防护层表面
② 焊缝全长上的两条熔融焊道应是弧形光滑的，不能有焊瘤、裂纹、凹坑、咬边、未焊满及深度超过1mm的刻痕等表面缺陷
③ 焊缝全长上的两条熔融焊道都应有大致相同的形状和尺寸，而且两道焊道的总宽度应是0.6～1.2倍防护层壁厚，若壁厚小于6mm，则为2倍壁厚
（2）手工焊挤出焊缝
① 挤出焊料应全部填满整个焊缝接头的V形坡口，不能有裂纹、咬边、未焊满及深度超过1mm的刻痕等表面缺陷
② 挤出焊料形成的焊缝应覆盖防护层V形焊口边缘，宽度不应小于2mm
③ 焊缝表面的焊道应是类似半圆形光滑凸起，而且高于外表面10%～40%壁厚</td><td colspan="2"></td></tr>
<tr><td>施工单位检查评定结果</td><td colspan="5">项目专业质量检查员　　　　　　　　年　月　日</td></tr>
<tr><td>驻厂监造验收结论</td><td colspan="5">驻厂监造工程师　　　　　　　　年　月　日</td></tr>
<tr><td>备注</td><td colspan="5">正式生产前进行一次型式检验，其他按型式检验规定进行</td></tr>
</table>

（8）防水帽材料型式检验验收记录见表 3-40。

表 3-40　防水帽材料型式检验验收记录

工程名称		分项工程名称		验收部位	
施工单位		专业负责人		项目经理	
施工执行标准名称及编号				检验批编号	
质量验收规范规定			施工单位检查评定记录		驻厂监造验收意见
主控项目	1	辐射交联热缩材料应有产品质量证明书、检验报告、使用说明书、出厂合格证、生产日期及有效期			
	2	基材性能应符合表 3-27 的规定			
	3	胶性能应符合表 3-27 的规定			
	4	基材厚度： （1）适用管径 DN≤400mm：≥1.2mm （2）适用管径 DN＞400mm：≥1.5mm			
	5	底胶厚度：≥1.0mm			
一般项目	1	外观检查： 原料应包装完好			
施工单位检查评定结果	项目专业质量检查员　　　　年　月　日				
驻厂监造验收结论	驻厂监造工程师　　　　年　月　日				
备注	正式生产前进行一次型式检验				

3. 保温管和保温管件出厂检验批质量验收记录

（1）防水帽安装质量检验批检验记录见表 3-41。

表 3-41　防水帽安装质量检验批验收记录

<table>
<tr><td colspan="3">工程名称</td><td></td><td>分项工程名称</td><td colspan="2"></td><td colspan="4">验收部位</td><td colspan="4"></td></tr>
<tr><td colspan="3">施工单位</td><td></td><td>专业负责人</td><td colspan="2"></td><td colspan="4">项目经理</td><td colspan="4"></td></tr>
<tr><td colspan="3">施工执行标准名称及编号</td><td colspan="4"></td><td colspan="4">检验批编号</td><td colspan="4"></td></tr>
<tr><td colspan="5">质量验收规范规定</td><td colspan="9">施工单位检查评定记录</td><td>驻厂监造验收意见</td></tr>
<tr><td>主控项目</td><td>1</td><td colspan="3">剥离强度（测试温度 10～35℃）：≥50N/cm</td><td colspan="9"></td><td></td></tr>
<tr><td>一般项目</td><td>1</td><td colspan="3">外观检查：
表面圆滑，无褶皱，且外观应无烤焦、鼓包、翘边，两端搭接处有少量胶均匀溢出</td><td></td><td></td><td></td><td></td><td></td><td></td><td></td><td></td><td></td><td></td></tr>
<tr><td colspan="2">施工单位检查评定结果</td><td colspan="13">项目专业质量检查员　　　　　　　　　　年　月　日</td></tr>
<tr><td colspan="2">驻厂监造验收结论</td><td colspan="13">驻厂监造工程师　　　　　　　　　　年　月　日</td></tr>
<tr><td colspan="2">备注</td><td colspan="13">每 500 个为一检验批抽查 1 个，不足 500 个时也抽查 1 个</td></tr>
</table>

（2）保温管出厂检验项目分级。

① 一般规定。

保温管的技术要求应符合本手册或设计文件的有关规定。

② 主控项目。

a. 保温管的成型工艺应符合设计要求。

检验数量：每检验批抽查10%。

检验方法：检查生产记录。

b. 保温管防护层性能应符合设计要求。

检验数量：每检验批抽查10%。

检验方法：检查材料合格证、检测报告。

c. 保温管保温层性能应符合设计要求。

检验数量：每检验批抽查10%。

检验方法：检查材料合格证、检测报告。

d. 保温管防腐层性能应符合设计要求。

检验数量：每检验批抽查10%。

检验方法：检查材料合格证、检测报告。

e. 钢管材质及规格应符合设计要求。

检验数量：每检验批抽查10%。

检验方法：检查质量证明文件、检测报告和用尺检查。

③ 一般项目。

a. 保温管标识应符合设计要求。

检验数量：每检验批抽查10点（处）。

检验方法：目测检查。

b. 保温管留头长度应符合设计要求。

检验数量：每检验批抽查10点（处）。

检验方法：用尺检查。

c. 保温管端头防水帽与防护层及防腐层应结合良好，表面圆滑，无褶皱，且外观应无烤焦、鼓包、翘边，两端搭接处有少量胶均匀溢出。

检验数量：每检验批抽查10点（处）。

检验方法：目测检查。

d. 保温管的轴线偏心距应符合设计要求。

检验数量：每检验批抽查10点（处）。

检验方法：用尺检查。

e. 保温层厚度应符合设计要求。

检验数量：每检验批抽查10点（处）。

检验方法：用尺检查。

④ 保温管检验批质量验收记录见表3-42。

表 3-42　保温管检验批质量验收记录

<table>
<tr><td colspan="2">工程名称</td><td></td><td>分项工程名称</td><td></td><td>验收部位</td><td></td></tr>
<tr><td colspan="2">施工单位</td><td></td><td>专业负责人</td><td></td><td>项目经理</td><td></td></tr>
<tr><td colspan="2">施工执行标准
名称及编号</td><td colspan="3"></td><td>检验批编号</td><td></td></tr>
<tr><td colspan="4">质量验收规范规定</td><td colspan="2">施工单位检查评定记录</td><td>驻厂监造
验收意见</td></tr>
<tr><td rowspan="2">主
控
项
目</td><td>1</td><td colspan="2">保温管预制工艺应符合设计要求：
（1）钢管管径为 355mm 及以下保温管采用“一步法”成型工工艺
（2）钢管管径为 508mm 保温管采用“管中管”成型工艺</td><td colspan="2"></td><td></td></tr>
<tr><td>2</td><td colspan="2">（1）防护层应符合设计要求：
①“一步法”成型工艺防护层性能应符合表 3-17 的规定
②“管中管”生产工艺防护层，常温环境使用时，其性能应符合表 3-15 的规定，低温环境使用时，其性能应符合表 3-19 的规定
（2）保温层应符合设计要求：
①“一步法”生产工艺保温层性能应符合表 3-13 的规定
②“管中管”生产工艺保温层性能应符合表 3-14 的规定
（3）防腐层应符合设计要求，其性能应符合表 3-5 的规定
（4）钢管材质、规格应符合设计要求</td><td colspan="2"></td><td></td></tr>
<tr><td rowspan="4">一
般
项
目</td><td>1</td><td colspan="2">保温管标识应符合设计要求</td><td colspan="2"></td><td rowspan="4"></td></tr>
<tr><td>2</td><td colspan="2">保温管留头长度：150～200mm</td><td colspan="2"></td></tr>
<tr><td>3</td><td colspan="2">保温管端头防水帽与防护层及防腐层应结合良好，表面圆滑，无褶皱，且外观应无烤焦、鼓包、翘边，两端搭接处有少量胶均匀溢出</td><td colspan="2"></td></tr>
<tr><td>4</td><td colspan="2">保温管的轴线偏心距应符合设计要求：
（1）“一步法”成型工艺：
钢管管径小于或等于 114mm 的保温管，泡沫厚度允许偏差为±3mm；钢管管径大于 114mm 保温管，保温层泡沫厚度允许偏差为±5mm
（2）“管中管”生产工艺：
钢管管径不大于 159mm 的保温管，泡沫厚度允许偏差为±3mm；钢管管径不小于 168mm，不大于 377mm 的保温管，泡沫厚度允许偏差为±4mm。钢管管径不小于 426mm 的保温管，泡沫厚度允许偏差为±5mm</td><td colspan="2"></td></tr>
</table>

续表

工程名称		分项工程名称		验收部位	
施工单位		专业负责人		项目经理	
施工执行标准名称及编号				检验批编号	
质量验收规范规定			施工单位检查评定记录		驻厂监造验收意见
一般项目	5	保温层厚度应符合设计要求： （1）钢管管径为 273mm，保温层厚度为 50mm （2）钢管管径为 355.6mm，保温层厚度为 50mm （3）钢管管径为 508mm，保温层厚度为 40mm			
施工单位检查评定结果	项目专业质量检查员　　　　年　月　日				
驻厂监造验收结论	驻厂监造工程师　　　　年　月　日				
备注	每连续生产 5km 产品应抽查一根，不足 5km 时也应抽查 1 根				

(3) 保温管件出厂检验项目分级。

① 一般规定。

保温管件的技术要求应符合本手册或设计文件的有关规定。

②主控项目。

a. 保温管件的预制工艺应符合设计要求。

检验数量：每检验批抽查10%。

检验方法：检查生产记录。

b. 保温管件防护层性能应符合设计要求。

检验数量：每检验批抽查10%。

检验方法：检查材料合格证、检测报告。

c. 保温管件保温层性能应符合设计要求。

检验数量：每检验批抽查10%。

检验方法：检查材料合格证、检测报告。

d. 保温管件防腐层性能应符合设计要求。

检验数量：每检验批抽查10%。

检验方法：检查材料合格证、检测报告。

e. 保温管件钢管材质及规格应符合设计要求。

检验数量：每检验批抽查10%。

检验方法：检查质量证明文件、检测报告和用尺检查。

③ 一般项目。

a. 保温管件标识应符合设计要求。

检验数量：每检验批抽查10点（处）。

检验方法：目测检查。

b. 保温管件留头长度应符合设计要求。

检验数量：每检验批抽查10点（处）。

检验方法：用尺检查。

c. 保温管件端头防水帽与防护层及防腐层应结合良好，表面圆滑，无褶皱，且外观应无烤焦、鼓包、翘边，两端搭接处有少量胶均匀溢出。

检验数量：每检验批抽查10点（处）。

检验方法：目测检查。

d. 工作钢管和防护层中心线在管件端部的偏差应符合设计要求。

检验数量：每检验批抽查10点（处）。

检验方法：用尺检查。

e. 焊缝外观应符合本手册或设计要求。

检验数量：每检验批抽查10点（处）。

检验方法：目测检查。

④ 保温管件检验批质量验收记录见表3-43。

表 3-43 保温管件检验批质量验收记录

<table>
<tr><td colspan="2">工程名称</td><td></td><td>分项工程名称</td><td></td><td>验收部位</td><td></td></tr>
<tr><td colspan="2">施工单位</td><td></td><td>专业负责人</td><td></td><td>项目经理</td><td></td></tr>
<tr><td colspan="2">施工执行标准
名称及编号</td><td colspan="3"></td><td>检验批编号</td><td></td></tr>
<tr><td colspan="4">质量验收规范规定</td><td colspan="2">施工单位检查评定记录</td><td>驻厂监造
验收意见</td></tr>
<tr><td rowspan="2">主控项目</td><td>1</td><td colspan="2">保温管件预制工艺应符合设计要求</td><td colspan="2"></td><td></td></tr>
<tr><td>2</td><td colspan="2">(1) 防护层应符合设计要求：常温环境使用时，防护层性能应符合表 3-15 的规定，低温环境使用时，防护层性能应符合表 3-19 的规定
(2) 保温层应符合设计要求，其性能应符合表 3-14 的规定
(3) 防腐层应符合设计要求
(4) 管件材质、规格应符合设计要求</td><td colspan="2"></td><td></td></tr>
<tr><td rowspan="5">一般项目</td><td>1</td><td colspan="2">保温管件标识应符合设计要求</td><td colspan="2"></td><td></td></tr>
<tr><td>2</td><td colspan="2">保温管件留头应符合设计要求：留头长度 150～200mm</td><td colspan="2"></td><td></td></tr>
<tr><td>3</td><td colspan="2">保温管件端头防水帽与防护层及防腐层应结合良好，表面圆滑，无褶皱，且外观应无烤焦、鼓包、翘边，两端搭接处有少量胶均匀溢出</td><td colspan="2"></td><td></td></tr>
<tr><td>4</td><td colspan="2">工作钢管和防护层中心线在管件端部的偏差应符合设计要求：
(1) 防护层外径为 180～400mm，中心线允许偏差为 5.0mm
(2) 防护层外径为 420～655mm，中心线允许偏差为 7.0mm</td><td colspan="2"></td><td></td></tr>
<tr><td>5</td><td colspan="2">焊缝外观应符合本手册或设计要求：
(1) 镜面焊对接焊缝：
① 对接焊缝融合点的最低处不能低于防护层表面
② 焊缝全长上的两条熔融焊道应是弧形光滑的，不能有焊瘤、裂纹、凹坑、咬边、未焊满及深度超过 1mm 的刻痕等表面缺陷
③ 焊缝全长上的两条熔融焊道都应有大致相同的形状和尺寸，而且两道焊道的总宽度应是 0.6～1.2 倍防护层壁厚，若壁厚小于 6mm，则为 2 倍壁厚
(2) 手工焊挤出焊缝：
① 挤出焊料应全部填满整个焊缝接头的 V 形坡口，不能有裂纹、咬边、未焊满及深度超过 1mm 的刻痕等表面缺陷
② 挤出焊料形成的焊缝应覆盖防护层 V 形焊口边缘，宽度不应小于 2mm
③ 焊缝表面的焊道应是类似半圆形光滑凸起，而且高于外表面 10%～40%壁厚</td><td colspan="2"></td><td></td></tr>
</table>

续表

<table>
<tr><td>工程名称</td><td></td><td>分项工程名称</td><td></td><td>验收部位</td><td></td></tr>
<tr><td>施工单位</td><td></td><td>专业负责人</td><td></td><td>项目经理</td><td></td></tr>
<tr><td>施工执行标准名称及编号</td><td colspan="3"></td><td>检验批编号</td><td></td></tr>
<tr><td colspan="3">质量验收规范规定</td><td colspan="2">施工单位检查评定记录</td><td>驻厂监造验收意见</td></tr>
<tr><td>施工单位检查评定结果</td><td colspan="5">项目专业质量检查员　　　　　　年　月　日</td></tr>
<tr><td>驻厂监造验收结论</td><td colspan="5">驻厂监造工程师　　　　　　年　月　日</td></tr>
<tr><td>备注</td><td colspan="5">每 100 件保温管件为一批，抽查 1 件，不足 100 件时也按一批进行抽查</td></tr>
</table>

第四节　保温管成品管堆放

一、 保温管成品管堆放质量检查依据

（1）GB/T 50538—2010《埋地钢质管道防腐保温层技术标准》。

（2）设计文件。

二、 保温管成品管堆放质量检查要点和要求

（1）地面应平整、无碎石等坚硬杂物。

（2）地面应有足够的承载能力，保证堆放后不发生塌陷和倾倒事故。

（3）堆放场地应挖排水沟道，场地内不允许积水。

（4）堆放场地应设置管托，管托应高于地面 150mm。管托宽度及数量应视管径大小和管子长度而定。

（5）堆放高度不得大于 2m，且防护管外径小于 550mm 时，堆放层数不多于 5 层，防护管外径大于或等于 550mm 时，堆放层数不多于 4 层。管子堆放场地距

架空电力线的距离至少应为50m。

（6）堆放场地应悬挂铭牌，铭牌上写明保温管的管径、壁厚、数量、防腐层厚度、保温层厚度和堆放日期。

（7）保温管和保温管件在厂内和现场堆放时都应遮盖。

（8）堆放处应远离火源和热源。堆放时，第一层管子不能直接放在地上，管子距地面的最小高度应大于200mm。可用沙袋等软性支撑物防止产生压痕，任何类型的支撑物宽度不能小于0.3m。为保证管垛的稳定，最下一层的保温管应用楔形物体固定。存放期间钢管两端应加封堵，防止杂物进入。

第四章

保温管及管件的吊装和运输

第一节　保温管及管件吊装

一、 保温管及管件吊装质量检查依据

（1）GB 50369—2006《油气长输管道工程施工及验收规范》。

（2）SY 4208—2008《石油天然气建设工程施工质量验收规范　输油输气管道线路工程》。

（3）设计文件。

二、 保温管及管件吊装质量检查要点和要求

（1）保温管及管件装运前，应由监理、保温管预制厂家共同逐根检查验收保温管的数量和质量。

（2）保温管及管件吊装时应采用宽度为200～300mm的尼龙带或橡胶带，严禁用钢丝绳吊装。各工种应严格执行其操作规程，轻吊轻放，严禁摔、撞、磕、碰，防止损坏防腐保温层。

（3）钩吊保温管及管件时，吊钩应有足够的强度且防滑，确保使用安全。

（4）吊运时不得产生造成管体或管端局部凹痕或失圆的冲击载荷。

（5）装卸过程中应注意保护管口，不得使管口产生任何豁口与伤痕。

（6）行车、吊装、装卸过程中，应注意对建筑物、线缆的防护，确保施工安全。

（7）装卸管时应轻起轻放，有专人指挥。严禁采用撬、滚、滑等损伤防护层的方法装卸和移动保温管。保温管件应使用吊带吊装，对异型管件应用吊带固定好，确保吊装平稳，防止吊装过程中出现滑脱、摇摆现象。

（8）保温管及管件装运应按调度计划进行，每车宜装运指定规格等级的同一种管子。

（9）施工单位对保温管及管件应逐根检查验收。

（10）施工环境温度低于－20℃时严禁对保温管吊装、运输和下沟作业。

第二节　保温管及管件运输

（1）保温管及管件的运输应符合交通部门的有关规定，公路运输拖车与驾驶室之间要有止推挡板，立柱必须牢固。

（2）保温管及管件成品在运输过程中，应采取有效的固定措施，不得损伤防护层、保温层及防腐层。运管车车底宜铺设一层草帘子，以加强对保温管及管件的保护，也可使用运管专用支架，支架与管子接触面应垫橡胶板，橡胶板厚度不得小于15mm，宽度不得小于100mm。

（3）装管后应采用捆绑带、外套橡胶管或其他软质管套的捆绑绳捆绑，单管长度方向捆绑应不少于2道，捆绑绳与管子接触处应加橡胶板或其他软材料衬垫。

（4）保温管件应采用有专用支架的运输车运输，避免运输过程中弯头防护层破坏。

（5）保温管的装车推荐做法见表4-1。

表4-1　保温管的装车要求

防护层外径/mm	装车层数/层	装车方法（由下向上）	装车总数量/根
250	7	9＋9＋9＋9＋9＋8＋7	60
315	6	7＋6＋7＋6＋5＋4	35
365	6	6＋5＋6＋5＋4＋3	29
420	6	5＋5＋5＋5＋3＋2	25
500	5	4＋4＋4＋4＋3	19

续表

防护层外径/mm	装车层数/层	装车方法（由下向上）	装车总数量/根
550	5	4+3+4+3+2	16
655	4	3+2+3+2	10
760	3	3+2+3	8
850	4	2+2+2+1	7
960	3	2+2+2	6
1054	3	2+1+2	5
1155	2	2+1	3

注：参考的运输车规格为宽 2.4m，运输高度不超过 4.2m。

第五章 保温管布管

一、 保温管布管检查依据

（1）GB 50369—2006《油气长输管道工程施工及验收规范》。

（2）SY 4208—2008《石油天然气建设工程施工质量验收规范　输油输气管道线路工程》。

（3）设计文件。

二、 保温管布管质量检查要点

（1）布管前，应了解、熟悉、掌握施工段的设计图纸及技术要求、测量放线资料及现场定桩情况、现场通行道路及地形、地质情况。

（2）布管前应确认钢管规格、数量、防腐类型等，符合设计图纸的要求。布管前宜测量管口周长、直径，以便匹配对口。

（3）吊管机吊管行走时，要有专人牵引钢管，避免碰撞起重设备及周围物体，发生安全事故。

（4）布管时，管子的吊装（运）应使用专用吊具和运管车（爬犁），钢丝绳或吊带的强度应满足吊装的安全要求。爬犁运管时应做好软垫层和绑扎。

（5）爬犁拖运管子时，爬犁两侧应有护栏，且将管子与爬犁捆牢，以防上下坡窜管。牵引爬犁时，牵引力应根据地形、地质、载重量综合计算确定，并在一定的安全系数下选取牵引钢丝绳。

（6）在吊管和放置过程中，应轻起轻放。管子悬空时应在空中保持水平，不得斜吊，不得在地上拖拉保温管。

（7）卸管时，不得使用滚、撬、拖拉管子的方法卸管。

（8）沟上布管前，先在布管中心线上打好管墩，每根管子下面应设置1个管墩，钢管放在管墩上。平原地区管墩的高度宜为0.4～0.5m。为了确保管墩位置正确，管墩的施工应与布管同步进行。

（9）管墩可用土筑并压实，取土不便可用袋装填软体物质作为管墩，所有管墩应确保稳固、安全。严禁使用硬土块、冻土块、石块、碎石土作为管墩。

（10）布管时管与管应首尾相接，保温管首尾应留有100mm左右的距离。相邻两管口宜错开一个管口，成锯齿形布置，以方便管内清扫、坡口清理及起吊。

（11）沟上布管及组对焊接时，管道的边缘至管沟的边缘应保持一定的安全距离，其值应符合表5-1的规定。

表5-1　布管时管道距管沟的安全距离

土壤类别	干燥硬实土	潮湿软土
安全距离/m	≥1.0	≥1.5

（12）布管后，不同壁厚、材质、防腐等级分界点与设计图纸要求的分界点不应超过12m。经监理复查确认后方可进行下道工序的施工。

（13）坡地布管，线路坡度大于5°时，应在下坡管端设置支挡物，以防窜管。线路坡度大于15°时，待组装时从堆管平台处随用随取。

（14）遇有水渠、道路、堤坝等建（构）筑物时，应将管子按所需长度布设在位置宽阔的一侧，不应直接摆放其上。

（15）遇有冲沟、山谷时，布管后应及时组装，否则不得提前布管。

第六章 补口补伤及特殊部位处理

第一节　补口

一、补口质量检查依据

（1）GB/T 8923.1—2011《涂覆涂料前钢材表面处理 表面清洁度的目视评定 第1部分：未涂覆过的钢材表面和全面清除原有涂层后的钢材表面的锈蚀等级和处理等级》。

（2）GB/T 18570.3—2005《涂覆涂料前钢材表面处理 表面清洁度的评定试验 第3部分：涂覆涂料前钢材表面的灰尘评定（压敏粘带法）》。

（3）GB/T 18570.9—2005《涂覆涂料前钢材表面处理 表面清洁度的评定试验 第9部分：水溶性盐的现场电导率测定法》。

（4）GB/T 23257—2009《埋地钢质管道聚乙烯防腐层》。

（5）GB/T 50538—2010《埋地钢质管道防腐保温层技术标准》。

（6）SY/T 0407—2012《涂装前钢材表面预处理规范》。

（7）设计文件。

二、补口质量检查要点和要求

1. 补口结构、材料及工序

（1）防腐保温层补口结构宜采用图6-1所示的形式。

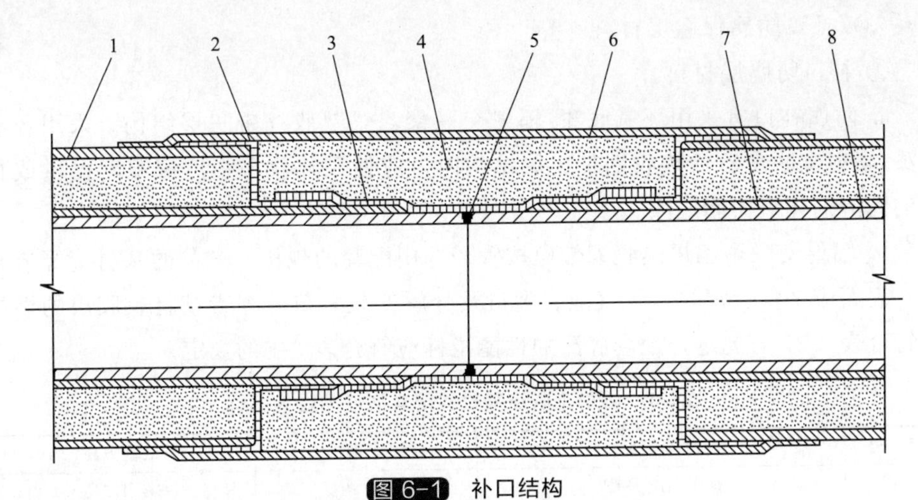

图 6-1 补口结构

1—防护层；2—防水帽；3—补口带；4—补口保温层；5—管道焊缝；6—补口防护层；7—防腐层；8—钢管

(2) 防腐保温层补口程序为：防腐层补口—保温层补口—防护层补口。补口工艺流程见图 6-2。

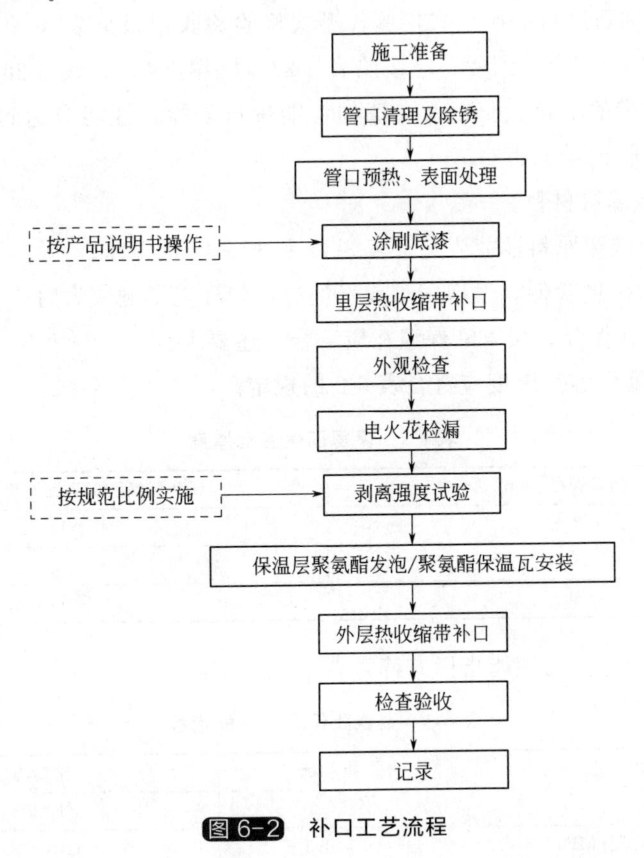

图 6-2 补口工艺流程

（3）补口防腐保温层材料。

① 补口防腐层材料。

a. 防腐补口宜采用环氧底漆/辐射交联聚乙烯热收缩带三层结构。采用环氧底漆/辐射交联聚乙烯热收缩带三层结构时，应使用热收缩带厂家配套提供或指定的无溶剂环氧树脂底漆。

b. 辐射交联聚乙烯热收缩带应按管径选用配套的规格，产品的基材边缘应平直，表面应平整、清洁、无气泡、裂口及分解变色。热收缩带基材及胶层的性能应符合表3-27的规定，配套底漆的性能指标应符合表6-1的规定。

表6-1　辐射交联热缩材料配套底漆的性能指标

序　号	试验项目	性能指标	试验方法
1	剪切强度/MPa	≥5.0	GB/T 7124
2	阴极剥离（65℃，48h）/mm	≤10	GB/T 23257—2009 附录 D

c. 辐射交联聚乙烯热收缩带厚度应符合表3-28的要求。

d. 对每一牌号的热收缩带及其配套环氧底漆，使用前按照表3-27、表3-28、表6-1规定的项目进行一次型式检验，型式检验验收记录见表6-4。使用过程中，每批（不超过1500个）到货，应按照表3-27（除第7项）、表3-28、表6-1的规定，对热收缩带的基材、胶以及底漆的性能进行复检，性能应达到规定的要求，检验批质量验收记录见表6-5。

② 补口保温层材料。

a. 聚氨酯泡沫原料性能应符合表3-11和表3-12的要求。

b. 当外部温度较低，发泡困难或发泡质量受环境影响较大时，可采用预制聚氨酯保温瓦捆扎保温。聚氨酯保温瓦应符合下述要求。

ⅰ. 聚氨酯保温瓦厚度应符合表6-2的规定。

表6-2　聚氨酯保温瓦厚度

钢管管径/mm	预制聚氨酯保温瓦厚度/mm
273	45±1
355.6	45±1
508	35±1

ⅱ. 聚氨酯保温瓦性能指标应符合表6-3的规定。

表6-3　聚氨酯保温瓦性能指标

项　目	指　标	试验方法
表观密度/（kg/m^3）	≥60	GB/T 6343
压缩强度/MPa	≥0.3	GB/T 8813

续表

项　目		指　标	试验方法
吸水率/（g/cm³）		≤0.03	GB/T 50538 附录 B
热导率/［W/（m·K）］		≤0.03	GB/T 50538 附录 C
耐热性	尺寸变化率/%	≤3	GB/T 50538 附录 D
	重量变化率/%	≤2	GB/T 50538 附录 D
	强度变化率/%	≤5	GB/T 50538 附录 D

注：1. 耐热性试验条件为100℃、96h。
2. 泡沫塑料性能试验试件制作见GB/T 50538—2010附录E。

③ 补口防护层材料。

a. 防护层补口应采用辐射交联热收缩带，热收缩带基材及胶层的性能应符合表3-27的规定。

b. 辐射交联热收缩带规格应与防护层外径相配套。厚度应符合表3-28的规定。

c. 对每一牌号的热收缩带，使用前按照表3-27、表3-28规定的项目进行一次全面检验。使用过程中，每批（不超过1500个）到货，应按照表3-27（除第7项）、表3-28的规定，对热收缩带的基材、胶性能进行复检，性能应达到规定要求。

2. 一般规定

当存在下列情况之一且无有效防护措施时，不得进行补口作业。

（1）雨天、雪天、风沙天。

（2）风力达到5级以上。

（3）相对湿度大于85%。

（4）环境温度低于－20℃。

3. 热收缩带补口过程的质量检查要点和要求

（1）焊口清理。

① 焊口清理前应记录补口处未防腐的宽度。

② 环向焊缝及其附近的毛刺、焊渣、飞溅物、焊瘤等应清理干净。

③ 补口处污物、油和杂物应清理干净。

④ 防水帽端部有翘边、开裂等缺陷时，应进行修口处理。

（2）焊口预热。

① 将中频加热设备的加热线圈安装在焊口区域上，启动中频加热设备对焊口区域进行加热，加热温度应符合喷砂除锈的要求。

② 加热完毕后，测量管子表面上下左右4个点温度，达到要求后，方可进行喷砂除锈。

（3）焊口表面喷砂除锈。

① 喷砂除锈用砂应无泥，干燥度应不小于 99.5%，即用砂的含水量不大于 0.5%（含水率测定方法见附录 D）。宜采用石英砂，严禁使用粉砂。石英砂颗粒应均匀且无杂质，粒径在 2～4mm 之间。喷砂工作压力宜为 0.4～0.6MPa。

② 焊口表面预处理方法应符合 SY/T 0407 的有关规定，处理等级的评定应符合 GB/T 8923.1 的有关规定。

③ 喷砂应连续进行，喷枪与管道表面应保持垂直，以匀速沿管道轴线往复移动，从管顶到管底逐步进行。

④ 喷砂时应注意安全防护，不得损伤补口区以外防腐层。

⑤ 喷射处理后，应采用干燥、洁净、无油污的压缩空气将表面吹扫干净，灰尘数量等级和灰尘尺寸等级不应低于 GB/T 18570.3—2005《涂覆涂料前钢材表面处理 表面清洁度的评定试验 第 3 部分：涂覆涂料前钢材表面的灰尘评定（压敏粘带法）》规定的 3 级质量要求。焊口表面处理与补口间隔时间不宜超过 2h。如果有浮锈，应重新除锈。

⑥ 对个别焊口如无法采用喷砂除锈时，在征得业主现场代表和监理同意后，方可使用电动工具除锈，处理后应达到 St3 级。

（4）焊口加热与底漆涂刷。

① 将中频加热设备的加热线圈安装在焊口区域上，启动中频加热设备对焊口区域进行加热，并将热收缩带与管体涂层搭接部位打毛，加热温度应符合产品说明书要求。

② 焊口加热完毕，应立即进行测温，测量焊口三个部位（中心、两端）表面上下左右 4 个点温度，4 点温度均应符合生产厂家的规定值。底漆应按生产厂家使用说明书调配并均匀涂刷，底漆湿膜厚度不小于 300μm。

③ 环境温度较低时，如果环氧底漆黏度高，可对铁罐内的 A 组分进行预热并搅拌，待温度降至 40℃左右时，倒入 B 组分，并混合均匀。

④ 涂刷应尽量均匀，避免局部超厚。如发现局部超厚，应及时刷平。涂刷完毕应着重检查钢管顶部、底部，防止底漆堆积或不足。底漆混合均匀后，必须在 30min 内使用，混合好的底漆在使用前应远离热源。

（5）底漆加热固化。

用中频加热线圈将底漆进行加热固化，至环氧底漆实干。加热过程中，底漆温度不能超过 150℃。如超过时，应暂停加热。

（6）烘烤热收缩带。

① 底漆实干后，将需要包覆的防护层用火焰加热器预热至 100～110℃，立即进行热收缩带安装。热收缩带定位和安装应符合生产厂家培训的施工步骤。

② 将热收缩带安装好后，用火焰加热器先从中间位置沿环向均匀加热，使中央部位首先收缩。

③ 宜采用从中间向同一端均匀移动加热，从管底到管顶逐步使热收缩带均匀收缩至端部，再从中央按相同的方法收缩另一端。整个收缩完成后，边加热边用辊子滚压平整，将空气完全排出，使之黏结牢固。

④ 将整个热收缩带快速全面加热一遍，环境温度较低时，加热时间应比正常操作延长 3～5min，再对热收缩带进行碾压以赶出气泡，用指压法检查热收缩带热熔胶熔化情况，确保热熔胶充分熔化，直至端部周向底胶均匀溢出。

⑤ 不应对热收缩带上任意一点长时间喷烤，热收缩带表面不应出现炭化现象。

⑥ 低温环境下，安装完成后，应对热收缩带采取缓冷措施（如保温被等）。

4. 保温层补口过程的质量检查要点和要求

（1）补口处的保温层质量应不低于成品管的保温质量。当采用其他结构形式时，其保温质量不应低于成品管的保温层指标要求。

（2）施工前对操作人员进行培训，考试合格后持证上岗。操作人员按设计和规范要求对补口材料进行检验、验收及保管。

（3）常温环境补口应采用模具现场发泡方式。采用模具现场发泡方式时应符合下述要求。

① 应使用内径与防水帽外径相同尺寸的补口模具。

② 模具必须紧固在端部防水帽处，其搭接长度不应小于 100mm，浇口向上，保证搭接处严密。

③ 宜用发泡机进行注料发泡。发泡前应对发泡机进行投料速度测试和比例泵调试，确保设备正常使用，参数符合设计要求。

④ 投料量可根据环境温度变化适当调整，环境温度高时可适当减少，环境温度低时可适当增加。

⑤ 发泡时应控制好注料孔和排气孔的封堵时间，确保聚氨酯泡沫充满整个模具。

⑥ 模具应采用适宜的脱模措施，防止聚氨酯泡沫表面被污染。

⑦ 模具应在聚氨酯泡沫熟化一段时间后再脱模，确保聚氨酯泡沫不收缩，泡沫密度满足设计要求。

⑧ 聚氨酯泡沫经外观检查，符合要求后应修整平齐，保持聚氨酯泡沫外表面洁净。

（4）低温环境采用预制聚氨酯保温瓦方式补口时，应符合下述要求。

① 安装时将聚氨酯保温瓦套在管道上，保温瓦纵向搭接缝位置应布置在管道

侧部。环向、纵向接缝应密实嵌缝，缝隙不得大于 2mm。

② 每组聚氨酯保温瓦的两端和中间用打包带等方式均匀扎紧（总计捆扎 3 道）。捆扎时，应用力挤压保温瓦，使瓦底部尽量贴紧内层的收缩带。

5. 防护层施工过程的质量检查要点和要求

(1) 防护层补口应采用辐射交联热收缩带，其规格应与防护层外径相配套，热收缩带与防护层搭接长度应不小于 100mm。在对搭接部位进行清理并拉毛后，按前述“烘烤热收缩带”的方法安装外层热收缩带。

(2) 低温环境下施工时，应采取缓冷措施（如保温被等），避免温降过快对热收缩带的性能产生影响。

(3) 夏季补口施工完成后，应在补口部位安装反光膜进行保护。

6. 检查验收

(1) 防腐层补口检查验收。

① 补口外观应逐个检查，热收缩带（不包括固定片）表面应光滑平整、无皱褶、无气泡，防水帽两端坡角处与热收缩带贴合紧密，无空隙，表面没有烧焦炭化现象。

② 热收缩带周向应有热熔胶均匀溢出。

③ 热收缩带与防水帽搭接宽度应不小于 40mm，周向搭接宽度应不小于 40mm，补口带封口必须在钢管顶部，固定片下的头尾滑移量应不大于 5mm（由于固定片将周向搭接部位已覆盖住，在现场检验中可通过对固定片两侧划线，测量其头尾滑移量）。

④ 热收缩带补口应用电火花检漏仪逐个进行针孔检查，检漏电压 15kV。如出现针孔，可用补伤片修补并重新检漏，直到合格。

⑤ 测试热收缩带补口的黏结力，在 10～35℃时的剥离强度应不小于 50N/cm，黏结力测试方法见附录 E。抽测 2 个口，如不合格，应加倍抽查；若加倍抽查仍不合格，则该段管线的补口应全部返修。

(2) 保温层补口检查验收。

① 现场模具发泡保温层应无空洞、发酥、软缩、泡孔不均、烧芯等缺陷。

② 聚氨酯保温瓦捆扎施工时，环向、纵向接缝应密实嵌缝。表面不得有尖锐凸起，以免损伤防护层。

(3) 防护层补口检查验收。

① 逐个检查补口处的外观质量。补口处外观应无烤焦、空鼓、褶皱、咬边缺陷，接口处应有少量胶均匀溢出。如检验不合格，必须返工处理直至合格。

② 对补口处进行破坏性检验，抽查率为 0.2%，且不少于 1 个口，若抽查不合格，应加倍抽查，仍不合格，则全批为不合格。抽查项目及内容应符合下列

要求。

a. 用钢直尺测量热收缩带与防护层的搭接长度应不小于 100mm。

b. 防护层黏结力按附录 E 的规定进行剥离强度检测，10～35℃时剥离强度应不小于 50N/cm。

c. 用钢直尺检查补口带与防水帽的搭接长度及补口带封口处的搭接长度，均不应小于 40mm。

三、 检验批质量验收记录

1. 热收缩带及配套底漆检验批质量验收记录

（1）热收缩带及配套底漆型式检验验收记录见表 6-4。

表 6-4 热收缩带及配套底漆型式检验验收记录

<table>
<tr><td colspan="2">工程名称</td><td></td><td>分项工程名称</td><td></td><td>验收部位</td><td></td></tr>
<tr><td colspan="2">施工单位</td><td></td><td>专业负责人</td><td></td><td>项目经理</td><td></td></tr>
<tr><td colspan="2">施工执行标准名称及编号</td><td colspan="3"></td><td>检验批编号</td><td></td></tr>
<tr><td colspan="3">质量验收规范规定</td><td colspan="3">施工单位检查评定记录</td><td>现场监理验收意见</td></tr>
<tr><td rowspan="3">主控项目</td><td>1</td><td>辐射交联热缩材料及配套底漆应有产品质量证明书、检验报告、使用说明书、出厂合格证、生产日期及有效期</td><td colspan="3"></td><td></td></tr>
<tr><td>2</td><td>热收缩带应有符合表 3-27、表 3-28 性能要求的检测报告</td><td colspan="3"></td><td></td></tr>
<tr><td>3</td><td>配套底漆应有符合表 6-1 性能要求的检测报告</td><td colspan="3"></td><td></td></tr>
<tr><td>一般项目</td><td>1</td><td>外观检查：
原料应包装完好</td><td colspan="3"></td><td></td></tr>
<tr><td>施工单位检查评定结果</td><td colspan="6">项目专业质量检查员　　　　年　月　日</td></tr>
<tr><td>现场监理验收结论</td><td colspan="6">监理工程师　　　　年　月　日</td></tr>
<tr><td>备注</td><td colspan="6">正式生产前进行一次型式检验</td></tr>
</table>

（2）热收缩带及配套底漆检验批质量验收记录见表6-5。

表6-5　热收缩带及配套底漆检验批质量验收记录

工程名称		分项工程名称		验收部位	
施工单位		专业负责人		项目经理	
施工执行标准名称及编号				检验批编号	
质量验收规范规定			施工单位检查评定记录		现场监理验收意见
主控项目	1	辐射交联热缩材料及配套底漆应有产品质量证明书、检验报告、使用说明书、出厂合格证、生产日期及有效期			
主控项目	2	热收缩带应有符合表3-27（第7项除外）、表3-28性能要求的检测报告			
主控项目	3	配套底漆应有符合表6-1性能要求的检测报告			
一般项目	1	外观检查：原料应包装完好			
施工单位检查评定结果	项目专业质量检查员		年　月　日		
现场监理验收结论	监理工程师		年　月　日		
备注	生产过程中，每1500个为一批检查一次，不足1500个时也抽查一次。				

2. 保温管现场补口检验批质量验收记录

（1）保温管现场补口验收项目分级。

① 一般规定。

保温管现场补口的技术要求应符合本手册或设计文件的有关规定。

② 主控项目。

a. 补口所用材料的品种、规格、性能应满足本手册规定或设计要求。

检验数量：每检验批合格证抽查2%，检测报告100%检查。

检验方法：检查材料合格证、检测报告。

b. 补口处的防腐等级和结构应符合设计要求。

检验数量：每检验批抽查10%。

检验方法：检查检测报告和施工记录。

c. 补口处钢管表面不应有浮锈、油污及其他杂物，除锈质量应符合本手册规定或设计要求。

检验数量：每检验批抽查10点（处）。

检验方法：检查施工记录及目测。

d. 黏结力（剥离强度）检查和漏点检查结果应符合本手册的规定或设计要求。

检验数量：每检验批抽查10%。

检验方法：检查施工记录、检漏记录。

③ 一般项目。

a. 泡沫保温层应无空洞、发酥、软缩、泡孔不均、烧芯等缺陷。

检验数量：每检验批抽查10点（处）。

检验方法：目测检查和手感检查。

b. 泡沫保温层比管体保温层厚度少5mm，允许偏差1mm，无凹凸，表面平直。

检验数量：每检验批抽查10点（处）。

检验方法：目测检查和手感检查。

c. 防护层黏结应紧密牢固。

检验数量：每检验批抽查10点（处）。

检验方法：目测检查。

d. 防护层表面应无烧焦、空鼓、褶皱、翘边，接口处应有少量胶均匀溢出。

检验数量：每检验批抽查10点（处）。

检验方法：目测检查。

e. 保温层厚度的偏差应符合设计要求。

检验数量：每检验批抽查10点（处）。

检验方法：用钢直尺检查。

f. 补口防护层厚度偏差应符合设计要求。

检验数量：每检验批抽查10点（处）。

检验方法：用游标卡尺检查。

g. 补口防护层与原防护层搭接长度应大于或等于100mm。

检验数量：每检验批抽查10点（处）。

检验方法：用尺检查。

（2）保温管现场补口检验批质量验收记录见表6-6。

表 6-6　保温管现场补口检验批质量验收记录

线 07		管道防腐保温补口施工记录	单位工程名称： 工程编号：	
施工承包商			起止桩号	
防腐材料			工程数量	
管道规格			防腐、保温材料	
质量验收规范规定			施工单位检查评定记录	现场监理验收意见
主控项目	1	补口所用材料的品种、规格、性能应满足本手册规定或设计要求		
	2	补口处的防腐等级和结构应符合设计要求		
	3	补口处钢管表面不应有浮锈、油污及其他杂物，除锈质量应符合本手册规定或设计要求		
	4	黏结力（剥离强度）检查：10～35℃时剥离强度应不小于50N/cm		
	5	漏点检查结果应符合本手册的规定或设计要求		
一般项目	1	泡沫保温层应无空洞、发酥、软缩、泡孔不均匀、烧芯等缺陷		
	2	泡沫保温层比管体保温层厚度少 5mm，允许偏差 1mm，无凹凸，表面平直		
	3	防护层黏结应紧密牢固		
	4	防护层表面应无烧焦、空鼓、褶皱、翘边、接口处应有少量胶均匀溢出		
	5	钢管管径不大于 159mm 的保温管，泡沫厚度允许偏差为±3mm，钢管管径不小于 168mm，不大于 377mm 的保温管，泡沫厚度允许偏差为±4mm，钢管管径不小于 426mm 的保温管，泡沫厚度允许偏差为±5mm		
	6	钢管管径≤400mm 的防护层基材厚度≥1.2mm，底胶厚度≥1.0mm；钢管管径≥400mm 的防护层基材厚度≥1.5mm，底胶厚度≥1.0mm		
	7	补口防护层与原防护层搭接长度应大于或等于 100mm		

验收意见：	
施工单位	监理单位
机组长： 技术（质量）员： 技术负责人： 年　月　日	监理代表： 年　月　日
备注	对补口处进行破坏性检验，抽查率为 0.2%，且不少于 1 个口，若抽查不合格，应加倍抽查，仍不合格，则全批为不合格

第二节　补　伤

一、防腐层补伤

（1）对管道防腐层发现的破损，或电火花检漏发现的漏点，应进行补伤。

（2）补伤时应先清洁破损处，用砂纸打磨好，再涂刷无溶剂环氧涂料（可用补口无溶剂环氧涂料），固化完成后，进行外观检查、测试涂层厚度和电火花检漏，满足设计要求后再进行下一步操作。

二、保温层补伤

（1）宜提前准备一定数量与直管同厚度的聚氨酯保温管壳和软质保温材料（如橡塑泡沫板、聚乙烯泡沫板或复合硅酸盐保温板）用作修补保温层。

（2）保温层损伤长度不超过补口长度，环向长度不超过周长的1/3时，应将损伤处修整平齐，将软质保温材料裁成合适尺寸后镶嵌进去，必要时可用胶带捆扎固定。

（3）如果保温层破损长度大于补口长度，且周向需要整体补伤时，应用预制的聚氨酯保温管壳，按照补口保温层的制作方式进行。具体操作方法见第六章第一节“保温层补口过程的质量检查要点和要求”。

三、防护层补伤

1. 补伤原则

（1）对直径不超过10mm的损伤，在现场采用热熔补伤棒修补；当损伤处的直径超过10mm但不超过30mm时，应先用热熔补伤棒密封，再用补伤片补伤；当损伤处的直径超过30mm时，先采用热熔补伤棒密封，再用补伤片补伤，最后用热收缩带包覆，包覆宽度超过孔洞边缘100mm。

（2）对于破损长度超过补口用热收缩带长度，但不超过1m时，应用多个热收缩带组合修复，热收缩带间的搭接宽度不小于100mm。

2. 对直径小于30mm损伤的修补

（1）用小刀把破损处的边缘修齐，边缘坡角小于30°。

（2）将损伤区域的污物清理干净，并把搭接宽度100mm范围内的防护层打毛。

（3）用火焰加热器预热破损处管体表面，温度宜为60～100℃。

（4）在破损处填充尺寸略小于破损面的密封胶，用火焰加热器加热热熔补伤棒至熔化，用刮刀将熔化的密封胶刮平。

（5）用一块补伤片，补伤片尺寸应保证其边缘距防腐层破损边缘不小于100mm。剪去补伤片四角，将补伤片的中心对准破损面贴上。

（6）用火焰加热器加热补伤片，边加热边挤出内部空气。

（7）按压四个角，能产生轻微的压痕即可停止加热，然后用辊子按压各边。

3. 对直径大于30mm损伤的修补

（1）用小刀把损伤的边缘修齐，边缘应切成坡口形，坡角小于30°。

（2）按直径小于30mm损伤修补中规定的方法进行补伤。

（3）热收缩带包覆范围内的污物应清理干净。

（4）用热收缩带盖住补伤片，热收缩带的安装和加热方法同上。

（5）补伤后的外观应100％目测，表面平整、无皱褶、无气泡及烧焦炭化现象，补伤片四周应有胶黏剂均匀溢出。不合格应重新补伤。

（6）补伤后的外观应逐个检查，表面应平整、无皱褶、无气泡、无烧焦炭化等现象；补伤片四周应黏结密封良好。不合格的应重补。

（7）补伤施工结束后，进行外观、电火花检漏检查，检漏电压15kV，若不合格，应重新修补并检漏，直至合格。

第三节　特殊部位处理

一、仪表、测试桩接线焊接后的处理

（1）测试桩与管体接线设置在管道的补口位置。

（2）引线焊接后，先对焊点用无溶剂环氧涂料涂覆，待涂料表干后，再用热熔胶或黏弹体密封焊点。

（3）在连接完成后，按照补口施工方法进行操作，连接线与热收缩带接触部位形成的缝隙应用密封胶密封。引线宜留在管体的上部，紧贴保温管并固定好。

二、截管的防腐层处理及注意事项

（1）截管时应先用电切割锯将防护层和保温层环向切两道，切割区的长度宜为200～250mm，再沿轴向切，去除防护层和保温层。

（2）当采用火焊切割时，应避免焊炬损伤聚氨酯泡沫保温层和防护层。

（3）截管端头防水帽安装操作见第三章第三节“防水帽安装”。

（4）截管在打磨好坡口后，再进行焊接的相关操作，经检测合格后方可进行补口操作。

（5）用喷砂机将补口部位损毁的防腐层清除掉，然后按照补口的操作程序进行处理。

三、 保温管与非保温管的过渡处理

保温管与非保温管过渡部位先用防水帽封端，再缠冷缠带过渡。防水帽安装操作见第三章第三节“防水帽安装”。

四、 固定墩、 锚固法兰的防腐保温处理

固定墩、锚固法兰部位应用一整根加强级防腐钢管制作，与防腐钢管两端连接的保温管应用防水帽＋冷缠带进行封端处理。

第七章 保温管下沟与管沟回填

第一节 保温管下沟

一、保温管下沟质量检查依据

（1）GB 50369—2006《油气长输管道工程施工及验收规范》。

（2）SY 4208—2008《石油天然气建设工程施工质量验收规范　输油输气管道线路工程》。

（3）设计文件。

二、保温管下沟质量检查要点和要求

1. 保温管下沟的资料检查与要求

（1）保温管下沟的资料检查。

① 管沟复测记录。

② 管道下沟记录。

③ 管道下沟检验批质量验收记录。

（2）管道下沟资料的检查要求。

① 是否及时填写了上述记录。

② 资料填写是否齐全，有无遗漏项。

③ 资料中数据是否真实。

④ 是否符合标准要求。

⑤ 资料中记录人员是否签字齐全。

⑥ 资料的保存是否符合要求。

2. 保温管下沟的现场质量检查

(1) 管道下沟现场质量检查的要点如下。

① 一个作业(机组)施工段，常温环境沟上放置管道的连续长度不宜超过10km，保温管布管后应尽快焊接下沟回填。

② 低温环境宜按一个焊接机组一天的组对焊接长度作为一段，及时下沟。或管道焊接尽量采用沟下焊安装，采用边安装边回填的顺序进行施工，缩短管道露天时间。管道下沟后直接采用回填土对管体进行回填，只将补口处管道露出，统一进行补口，补口检测合格后再进行回填。

③ 管道下沟应在监理确认下列工作完成后方可实施。

a. 管道焊接、无损检测已完成，并检查合格。

b. 防腐补口、补伤已完成，经检查合格。

c. 管沟深度、宽度已复测，符合设计要求。

d. 管沟内塌方、石块、冻土块、冰块、积雪已清除干净。

e. 石方地段沟底按设计要求处理完毕且沟底细土(最大粒径不超过10mm)垫层已回填完毕。

④ 管道下沟应由起重工、机手、测量工、质量员、安全监督员、警戒人员、清理人员、防腐工共同配合完成，且应由专人统一指挥。

⑤ 下沟前应对吊管机进行安全检查，确保使用安全。

⑥ 施工设备与电力线的距离应符合相关标准的规定。

⑦ 管道下沟必须使用吊带吊管，起重机具宜使用吊管机，严禁用推土机或撬杠等非起重机具下沟。

⑧ 管道下沟前，应由安全员对下沟段进行安全检查，检查防止管道滚沟的措施是否可靠，确认沟内或管道与管沟间无人、牲畜、物品或工具，通行路口处设醒目标志和安排专人巡防把守后，方可准予下沟。

⑨ 常温环境施工时，吊具应使用宽度200～300mm的吊带；低温环境施工时，吊具应使用宽度不小于400mm的吊带，严禁直接使用钢丝绳、辊轮。使用前，应对吊具进行吊装安全测试。

⑩ 下沟前，应核算吊管机的台数，常温环境时一般不宜少于3台吊管机，低温环境施工时一般不宜少于4台吊管机。严禁单机作业，以免发生滚沟事故。

⑪ 管道下沟时，应注意避免与沟壁刮碰，必要时应在沟壁垫上木板或草袋，以防擦伤保温防护层。

⑫ 起吊点距管道环焊缝距离不应小于 2m，常温环境时起吊高度以 1m 为宜，低温环境时起吊高度在满足下沟要求前提下尽量低。吊点间距应满足表 7-1 的要求。

表 7-1　管道下沟吊点间距

钢管公称直径/mm	200	250	300	350	400	450	500	600	700	800	900	1000
允许最大间距/m	12	13	15	16	17	18	17	16	15	14	13	11

⑬ 沟上组焊的管道下沟前或沟下组焊的管道管沟回填前，应按要求全面检查防护层。如有破损应按第六章第二节的有关规定及时修补。

⑭ 设计要求稳管地段应按设计要求进行稳管。

⑮ 管道下沟后，管道应与沟底表面贴实且放到管沟中心位置。如出现管底局部悬空应用细土填塞，不得出现浅埋。

⑯ 管道标高应符合设计要求。管道下沟后应对管顶及地面标高进行复测，在竖向曲线段应对曲线的始点、中点和终点进行测量，满足绘制竣工图的需要。应按业主/监理的规定填写测量表、管道工程隐蔽检查记录。

⑰ 监理对下沟质量确认合格，并按监理的规定在记录上签字后，方可进行管沟回填。

（2）管道下沟现场质量检查的内容和要求见表 7-2。

表 7-2　管道下沟现场质量检查的内容和要求

序　号	检查项目	检查标准	检查方法	抽检比例
1	管道防腐层的电火花检漏	管道防腐层的电火花检漏结果应符合设计要求	检查检漏报告	每作业面宜抽检 5 点
2	管顶标高	管顶标高应符合设计要求	用水准仪或用尺量	每作业面宜抽检 5 点
3	石方段管沟	石方段管沟应预先在沟底垫 200mm 细土，石方段细土最大粒径不应超过 10mm，戈壁段细土的粒径最大不得超过 20mm，山区石方段管沟宜用袋装土作垫层	用尺检查	每作业面宜抽检 5 点
4	管沟清理	应清除沟内塌方、石块、积水、积雪等	目测检查	每作业面宜抽检 5 点
5	管道在沟内距管沟中心线的偏差	管道在沟内距管沟中心线的偏差应小于 250mm	用尺检查	每作业面宜抽检 5 点

续表

序　号	检查项目	检查标准	检查方法	抽检比例
6	管子与沟底	管子应与管沟妥帖结合，局部悬空应用细土填塞	目测检查	每作业面宜抽检5点

三、 保温管下沟检验

1. 检验批划分

每5km左右为一检验批进行检查。

2. 保温管下沟检验项目分级

(1) 一般规定。

保温管道下沟的技术要求应符合本手册或设计文件的有关规定。

(2) 主控项目。

① 逐根检查保温管防护层的外观，结果应符合设计要求。

检验数量：逐根检查。

检验方法：目测检查。

② 管顶标高应符合设计要求。

检验数量：每检验批抽查10点（处）。

检验方法：用水准仪或用尺量。

(3) 一般项目。

① 石方、戈壁段管沟应预先在沟底垫200mm细土。石方段细土最大粒径不应超过10mm，戈壁段细土最大粒径不应超过20mm。

检验数量：每检验批抽查10点（处）。

检验方法：用尺检查。

② 应清除沟内塌方、石块、积水、冰雪等。

检验数量：每检验批抽查10点（处）。

检验方法：目测检查。

③ 管道在沟内距管沟中心线的偏差应小于250mm。

检验数量：每检验批抽查10点（处）。

检验方法：用尺检查。

④ 保温管应与沟底妥帖结合，局部悬空应用细土填塞。

检验数量：每检验批抽查10点（处）。

检验方法：目测检查。

(4) 保温管下沟检验批质量验收记录见表7-3。

表 7-3 保温管下沟检验批质量验收记录

保温管下沟检验记录				单位工程名称： 工程编号：	
分部工程名称				工程部位	
质量验收规范规定				施工单位检查评定记录	现场监理验收意见
主控项目	1	逐根检查保温管防护层的外观，结果应符合设计要求			
	2	管顶标高应符合设计要求			
一般项目	1	石方、戈壁段管沟应预先在沟底垫 200mm 细土。石方段细土最大粒径不应超过 10mm，戈壁段细土最大粒径不应超过 20mm			
	2	应清除沟内塌方、石块、积水、冰雪等			
	3	管道在沟内距管沟中心线的偏差应小于 250mm			
	4	管子应与沟底妥帖结合，局部悬空应用细土填塞			
验收意见：					
施工单位				监理单位	
技术（质量）员： 技术负责人： 年 月 日				监理代表： 年 月 日	
备注	每 5km 左右为一批进行检查				

第二节 保温管管沟回填

一、保温管管沟回填质量检查依据

（1）GB 50369—2006《油气长输管道工程施工及验收规范》。

（2）SY 4208—2008《石油天然气建设工程施工质量验收规范输油输气管道线路工程》。

（3）设计文件。

二、 保温管管沟回填质量检查要点和要求

1. 管沟回填资料检查

(1) 管沟回填资料检查的内容。

① 管沟回填记录。

② 管顶复测记录。

③ 无损检测记录。

④ 防腐补口补伤记录。

⑤ 电火花检漏记录。

⑥ 管沟回填检验批质量验收记录。

(2) 管沟回填资料检查的要求。

① 是否及时填写了上述记录。

② 资料填写是否齐全，有无遗漏项。

③ 资料中数据是否真实。

④ 是否符合标准要求。

⑤ 资料中记录签字人员是否签字齐全。

⑥ 资料的保存是否符合要求。

2. 管沟回填现场质量检查

(1) 管沟回填现场质量检查的要点如下，

① 管道回填前，应按竣工图的要求进行测量（如管道环形焊缝位置、标高、弯管位置等)，做好记录，并经监理、业主、设计确认。管道下沟后除预留段外应及时进行管沟回填。

② 一般地段保温管道下沟后应在 10 天内回填。回填前，如沟内积水无法完全排除，在完成回填时，应使保温管浮离沟底。山区易冲刷地段，高水位地段、人口稠密区、雨期施工等应立即回填。

③ 管沟回填前宜将阴极保护测试线焊好并引出地面，或预留出位置暂不回填。

④ 耕作土地段的管沟应分层回填，应将表面耕作土置于最上层。

⑤ 管道下沟后，冻土、石方段管沟细土应回填至管顶上方 300mm，细土的最大粒径不应超过 10mm，然后回填原土石方，但冻土、石头的最大粒径不得超过 250mm；戈壁段管沟，细土可回填至管顶上方 100mm，细土的最大粒径不应超过 20mm；黄土塬地段管沟回填应按设计要求做好垫层及夯实；陡坡地段管沟回填宜采取袋装土分段回填。回填土应平整密实。

⑥ 在下沟管道的端部应留出不小于 30m 的管段，暂不回填，待连头后回填。

⑦ 管沟回填土宜高出地面 0.3m 以上，覆土应与管沟中心线一致，其宽度为管沟上开口宽度，并应做成有规则的外形。管道最小覆土层厚度应符合设计要求。

⑧ 沿线施工时破坏的挡水墙、田埂、排水沟、便道等地面设施应按原貌恢复。

⑨ 设计上有特殊要求的地貌恢复，应根据设计要求恢复。

⑩ 浅挖深埋土堤敷设时，应根据设计要求施工。

⑪ 对于回填后可能遭受洪水冲刷或浸泡的管沟，应采取压实管沟、引流或压砂袋等防冲刷、防管道漂浮的措施。

⑫ 管沟回填土自然沉降密实后（一般地段自然沉降宜 30 天后，沼泽地段及地下水位高的地段自然沉降宜 7 天后），应对管道防腐层进行地面检漏，符合设计规定为合格。

⑬ 管道穿越地下电缆、管道、构筑物处的保护处理，应在管沟回填前按设计的要求安装好后，完成管沟回填施工。

⑭ 冬季低温环境回填时，应对保温管采取防护措施，避免冻土或石块损伤保温管，先用最大粒径不超过 10mm 的细土回填，将保温管整体保护起来，护层厚度不应小于 300mm，然后再用原土回填。

（2）管沟回填现场质量检查的内容和要求见表 7-4。

表 7-4 管沟回填现场质量检查的内容和要求

序号	检查项目	检查标准	检查方法	抽检比例
1	管道埋深	管道埋深应符合设计要求	用尺、水准仪、全站仪或其他测深仪器	每作业面宜抽检 5 点
2	地面检漏	地面检漏结果应符合设计要求	检查检漏记录	每作业面宜抽检 5 点
3	石方段管沟细土回填	设计无要求时，冻土、石方段管沟细土应回填至管顶上方 300mm，细土的最大颗粒不应超过 10mm 或符合设计要求。然后回填原土石方，但冻土、石头的最大粒径不应超过 250mm	用尺检查	每作业面宜抽检 5 点
4	戈壁、卵石段管沟细土回填	戈壁、卵石段管沟，细土可回填至管顶上方 100mm。细土的最大粒径不应超过 20mm	用尺检查	每作业面宜抽检 5 点
5	黄土塬地段管沟回填	黄土塬地段管沟回填应按设计要求做好垫层及夯实	目测检查及检查记录	每作业面宜抽检 5 点
6	地貌恢复	地貌恢复应符合设计要求	目测检查或检查记录	每作业面宜抽检 5 点

三、 保温管管沟回填检验

1. 检验批划分

每 5km 左右为一检验批进行检查。

2. 保温管管沟回填检验项目分级

(1) 一般规定。

保温管管沟回填的技术要求应符合本手册或设计文件有关规定。

(2) 主控项目。

① 管道埋深应符合设计要求。

检验数量：每检验批抽查 10 点（处）。

检验方法：用尺、水准仪、全站仪或其他测深仪器。

② 地面检漏结果应符合设计要求。

检验数量：每检验批抽查 10%。

检验方法：检查检漏记录。

(3) 一般项目。

① 设计无要求时，冻土、石方段管沟细土应回填至管顶上方 300mm，细土的最大粒径不应超过 10mm 或符合设计要求，然后回填原土石方，但石头的最大粒径不得超过 250mm。

检验数量：每检验批抽查 10 点（处）。

检验方法：用尺检查。

② 戈壁、卵石段管沟，细土可回填至管顶上方 100mm，细土的最大粒径不应超过 20mm。

检验数量：每检验批抽查 10 点（处）。

检验方法：用尺检查。

③ 黄土塬地段管沟回填应按设计要求做好垫层及夯实。

检验数量：每检验批抽查 10 点（处）。

检验方法：目测检查及检查记录。

④ 地貌恢复应符合设计要求。

检验数量：每检验批抽查 10 点（处）。

检验方法：目测检查及检查记录。

(4) 保温管管沟回填检验批质量验收记录见表 7-5。

表 7-5　保温管管沟回填检验批质量验收记录

线 12		管沟回填检查记录	单位工程名称： 工程编号：	
分部工程名称			工程部位	
质量验收规范规定			施工单位检查评定记录	现场监理验收意见
主控项目	1	管道埋深应符合设计要求		
	2	地面检漏结果应符合设计要求		
一般项目	1	设计无要求时，冻土、石方段管沟细土应回填至管顶上方 300mm，细土的最大粒径不应超过 10mm 或符合设计要求，然后回填原土石方，但石头的最大粒径不得超过 250mm		
	2	戈壁、卵石段管沟，细土可回填至管顶上方 100mm，细土的最大粒径不应超过 20mm		
	3	黄土塬地段管沟回填应按设计要求做好垫层及夯实		
	4	地貌恢复应符合设计要求		

验收意见：

施工单位	监理单位
技术（质量）员： 技术负责人： 年　月　日	监理代表： 年　月　日
备注	每 5km 左右为一批进行检查

Chapter 08

第八章

验收

一、 验收质量检查标准

（1）GB 50369—2006《油气长输管道工程施工及验收规范》。

（2）设计文件。

二、 验收质量检查要点和要求

（1）当施工单位按合同规定的范围完成全部工程项目后，应及时与建设单位办理交工手续。

（2）工程交工验收前，建设单位应对油气长输管道工程进行检查，确认下列内容。

① 施工范围和内容符合合同规定。

② 工程质量符合设计文件或本手册的规定。

（3）工程交工验收前，施工单位应向建设单位提交下列主要技术文件。

① 设计修改及材料代用文件。

② 施工联络单。

③ 产品过程控制质量检验资料，产品原材料检验报告，材料、保温管、保温管件出厂质量证明书、合格证等。

④ 防腐保温工程检验报告。

（4）工程交接验收时确因客观条件限制未能全部完成的工程，在不影响安全试运行的条件下，经建设单位同意，可办理工程交接验收手续，但遗留工程必须限期完成。

第九章

运营期间保温管防腐保温层的维抢修

一、 施工工具

（1）手持式电锯。

（2）发电机。

（3）喷砂机。

（4）电火花检漏仪。

（5）火焰加热器。

（6）空压机。

（7）手锯。

（8）塑料焊枪。

（9）捆扎带。

（10）磁性测厚仪。

（11）刮刀。

（12）钢丝刷。

二、 施工材料

（1）预制的聚氨酯保温瓦和软质保温材料（柔性橡塑泡沫、聚乙烯泡沫或复合硅酸盐保温板）。

（2）补口用防腐漆。

（3）电热熔套或热收缩带。

（4）补伤片和补伤棒。

（5）石油专用清洗剂或丙酮。

（6）清洁纱布。

三、 维抢修时的注意事项

（1）应先用刮刀清除管体表面的油污，并用石油清洗剂或丙酮清洁干净。

（2）用喷砂机对钢管进行喷砂除锈，除锈等级应达到 $Sa2\frac{1}{2}$ 级，再进行防腐操作。

（3）用手持式电锯将保温层和防护层切割整齐，并用丙酮清除防护层搭接部位的油污。按照第六章的有关内容进行维修操作。

附　录

附录A　工程质量检查使用的计量器具清单

附表 A-1　工程质量检查使用的计量器具清单

序　号	名　称	规格型号
1	钢卷尺	2m，5m，30m，50m
2	钢直尺	150mm，300mm，1000mm
3	游标卡尺	精度 0.02mm
4	楔形塞尺	15mm×15mm×120mm
5	靠（直）尺	长 1m，2m
6	放大镜	5 倍
7	磁力线坠	
8	检验锤	
9	套筒扳手	
10	活扳手	4in，8in，10in，12in，15in
11	扭力扳手	
12	小线，尼龙线	
13	焊接检验尺	
14	电火花检漏仪	
15	测厚仪	
16	磁性涂层测厚仪	
17	弹簧秤	5kg
18	内、外卡钳	
19	钢直角尺	
20	钢针	
21	红外测温仪	
22	压力天平	
23	比重计	
24	露点仪	
25	测温仪	
26	风速仪	
27	温、湿度仪	
28	锚纹仪	

注：1in＝0.0254m。

附录B　钢材表面清洁度的评定试验方法

相关内容摘自 GB/T 18570.3—2005《涂覆涂料前钢材表面处理表面清洁度的评定试验第 3 部分：涂覆涂料前钢材表面的灰尘评定（压敏粘带法）》

检测方法：

（1）检测前，将拉出的前 3 圈压敏粘带废弃，再拉出约 200mm 长备用。

（2）仅在两端接触粘贴面，将新拉出的压敏粘带中约 150mm 长压实在试验表面上。拇指横放在压敏粘带的一端，移动拇指并保持压实力，以一个恒定的速率沿压敏粘带来回压实。每一个方向压实 3 遍，每一遍时间为 5～6s。再从试验表面取下压敏粘带，放在适当的显示板（玻璃板）上，然后用拇指按下使之粘到板上。

（3）将压敏粘带的一个区域与附图 B-1 规定的等尺寸区域进行目视比较，评定压敏粘带上的灰尘数量，记录与之最为相似的参考图上的等级。

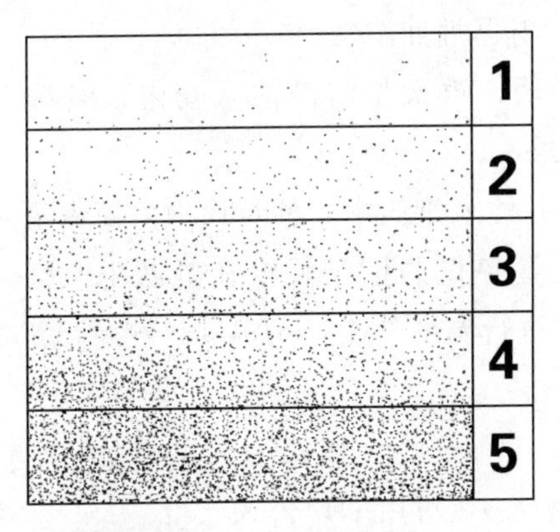

附图 B-1　灰尘数量等级参考图

（4）对照附表 B-1 来评定压敏粘带上最显著的灰尘颗粒尺寸，确定灰尘颗粒的尺寸等级。

附表 B-1　灰尘尺寸等级

等　级	灰尘微粒描述
0	用 10 倍放大镜看不见的微粒
1	微粒用 10 倍放大镜可见，但以正常或矫正视力看不见（通常微粒直径小于 50μm）
2	以正常或矫正视力刚刚可见（微粒直径在 50～100μm 之间）
3	以正常或矫正视力清楚可见（微粒直径可达 0.5mm）
4	微粒直径在 0.5～2.5mm 之间
5	微粒直径大于 2.5mm

附录C 钢材表面水溶性盐的现场电导率测定方法

相关内容摘自 GB/T 18570.9—2005《涂覆涂料前钢材表面处理表面清洁度的评定试验第 9 部分：水溶性盐的现场电导率测定法》。

（1）每次试验前将电导率仪的探头、量杯用蒸馏水冲洗干净，直至冲洗后的蒸馏水的电导率低于 5μS/cm。

（2）在量杯内加入 10mL 蒸馏水，将校正过的电导率仪的探头浸没在溶液中，打开电导率仪，读取读数 C_1。

（3）取一片 Bresle 片，除去保护纸和打孔后未除去的泡沫塑料部分。

（4）将有黏性的一面紧紧地贴在待测表面，尽可能减少套内的空气。

（5）用注射器在量筒内取 3mL 蒸馏水注入套内，确保蒸馏水润湿了整个被测表面并且没有水渗漏。

（6）等 1min，用注射器抽回溶液。

（7）不要移开注射器，再次将溶液注入套内，然后再将溶液抽回到注射器中，重复上述操作 10 次。

（8）抽出所有溶液并注入量筒中，使量筒内溶液恢复到 10mL。

（9）将校正过的电导率仪的探头浸没在溶液中，打开电导率仪，读取读数 C_2。如果电导率仪不能进行温度补偿，用温度计测量出溶液的温度。

（10）计算。

① 试验取得的结果（C_1-C_2）以 μS/cm 为单位。

② 转换成表面盐密度 ρ，可由下列公式获得

$$\rho=0.4\times(C_1-C_2)\ (\mu g/cm^2)$$

或

$$\rho=4\times(C_1-C_2)\ (mg/m^2)$$

附录D 喷砂除锈用砂的含水率测定方法

喷砂除锈用砂的含水率测定方法：取约200g的磨料样品称重，精确到0.1g，在105～110℃下干燥3h以上。称量后，再烘干1h，再称量，直到连续两次称量差别不大于0.1%。

含水率为

$$含水率=\frac{初始质量-最终质量}{初始质量}\times 100\%$$

附录E 热收缩带黏结力的测试方法

1. 仪器

（1）测力计：最小刻度为10N。

（2）钢板尺：最小刻度为1mm。

（3）裁刀：可以划透防腐层。

（4）表面温度计：精度为1℃。

2. 试验步骤

（1）先将防腐层沿环向划开宽度约为20mm、长10cm左右的长条，划开时应划透防腐层，并撬起一端。用测力计以10mm/min的速率垂直钢管表面匀速拉起防腐层，记录测力计稳定数值。

（2）测定时，应采用表面温度计监测防腐层的表面温度，剥离试验应在10～35℃进行并完成。

（3）补口处的剥离强度测试，应在补口完成24h后进行。

3. 试验结果

将测定时记录的力值除以防腐层的剥离宽度，即为剥离强度，单位为N/cm。

参考文献

[1]李伟林．线路工程质量检查[M],北京:石油工业出版社,2011.

[2]GB/T 8923.1—2011,涂覆涂料前钢材表面处理　表面清洁度的目视评定　第1部分:未涂覆过的钢材表面和全面清除原有涂层后的钢材表面的锈蚀等级和处理等级[S].

[3]GB/T 18570.3—2005,涂覆涂料前钢材表面处理　表面清洁度的评定试验　第3部分:涂覆涂料前钢材表面的灰尘评定(压敏粘带法)[S].

[4]GB/T 18570.9—2005,涂覆涂料前钢材表面处理　表面清洁度的评定试验　第9部分:水溶性盐的现场电导率测定法[S].

[5]GB/T 23257—2009,埋地钢质管道聚乙烯防腐层[S].

[6]GB/T 50538—2010,埋地钢质管道防腐保温层技术标准[S].

[7]SY/T 0315—2005,钢质管道单层熔结环氧粉末外涂层技术规范[S].

[8]SY/T 0407—2012,涂装前钢材表面预处理规范[S].

[9]CJ/T 114—2000,高密度聚乙烯外护管聚氨酯泡沫塑料预制直埋保温管[S].

[10]CJ/T 155—2001,高密度聚乙烯外护管聚氨酯硬质泡沫塑料预制直埋保温管件[S].